常见家畜

B 超妊娠诊断操作方法及其声像图谱

刘贤侠　王建梅　谷新利　王少华　刘强 ◇ 著

中国林業出版社
CFPH China Forestry Publishing House

内容简介

本著作共5章，总体介绍了母猪、母羊、母牛、母马和母骆驼的生殖器官和B超早期妊娠诊断，B超操作手法、方法及妊娠典型图像特征，以及图像的识别解读。本著作内容突出实践性，结合临床操作实际，注重理论与实践的结合，为一线繁殖技术人员学习相关技术提供了很好的参考。

本著作是高等院校、职业院校和规模化猪场、羊场、牛场、马场繁育员和从事一线繁殖配种技术人员的参考用书。

图书在版编目（CIP）数据

常见家畜B超妊娠诊断操作方法及其声像图谱 / 刘贤侠等著 . -- 北京 : 中国林业出版社 , 2024. 10.

ISBN 978-7-5219-2907-2

Ⅰ. S857.2-64

中国国家版本馆CIP数据核字第2024SG1822号

策划编辑：高红岩　李树梅

责任编辑：李树梅

责任校对：苏　梅

封面设计：睿思视界视觉设计

出版发行：中国林业出版社

（100009，北京市西城区刘海胡同7号，电话83143531）

电子邮箱：jiaocaipublic@163.com

网　址：https://www.cfph.net

印　刷：北京中科印刷有限公司

版　次：2024年10月第1版

印　次：2024年10月第1次

开　本：710mm×1000mm 1/16

印　张：5.5

字　数：90千字

定　价：39.00元

前言

随着 B 超仪性价比的提高和便携式 B 超仪的逐渐普及，其在国内规模化奶牛场、肉牛场和养羊场的使用也不断增多。著者在长期的教学、科研和超声技术推广过程中，发现动物保定不当、操作手法不当，仪器使用不规范、维护不当等，并且图像识别有一定难度，使 B 超仪的使用潜力未能充分发挥。只有在掌握基础理论知识、操作要领和方法的基础上，才能比较快地入门进行早期妊娠诊断，才能为深入学习使用 B 超仪打下坚实基础，并为针对经济动物（猪、羊、牛、马、骆驼）进行繁殖疾病（主要是卵巢疾病和子宫疾病）诊断打下前期基础。本著作可以为养殖场、畜牧兽医站、人工授精技术人员、繁育员和兽医一线人员提供参考学习资料，满足高等院校与职业院校等师生的相关教学和学习需要。目前，国内还没有比较系统介绍 B 超仪用于常见家畜早期妊娠诊断的操作方法和图谱的书籍，本著作获得国家重点研发计划项目“畜禽群发普通病防控技术研究”（2017YFD0502200）、新疆生产建设兵团重大科技项目“乳肉牛融合发展绿色养殖技术集成与示范”（2021AA004）、新疆生产建设兵团第九师项目“塔额垦区夏洛莱肉牛繁殖性能与产肉性能提质增效关键技术的研究”（2022JS010）的资助，著作中的内容也是上述项目的成果之一。基于项目研究成果，我们组织在行业内长期从事繁殖临床工作的专家编写了本著作，收集了多年超声检查的图像资料，系统总结了具体操作的手法和细节，便于需要学习的人员快速掌握入门。本著作突出实用性，是学习使用 B 超仪进行常见家畜早期妊娠诊断的指南。

感谢新疆畜牧科学院董红研究员、新疆伽师县农业农村局阿卜杜克依木•艾力木、新疆和静县阿不都哈力力•阿不都同志提供部分图片，并提出了宝贵的意见。

感谢刘力伯、高海洋提供的部分图片，感谢罗瑞卿对本著作的支持！另外，研究生董帝呈、代佳君对书稿资料的整理做了大量工作，在此一并表示感谢！

由于著者水平有限，本著作虽经多次修改，不足之处仍然在所难免，恳请同行与读者批评指正，以便再版时更加臻于完善。

刘贤侠

2023 年 12 月

目 录

第一章　母猪生殖器官和B超早期妊娠诊断

第一节　母猪生殖器官的解剖概述

一、母猪的生殖器官

1. 卵巢

卵巢性成熟前为肾形，长0.5 cm、宽0.4 cm、厚0.2 cm。进入初情期，卵巢增大为长2 cm、宽1.5 cm、厚1.0 cm，有小卵泡，呈桑葚状。初情期后，卵巢上有大小不等的卵泡、红体或黄体，突出于卵巢表面。性成熟前，猪的卵巢位于荐骨岬部两旁，随着胎次增多，逐渐向前、下部移动，常包在卵巢囊中。

2. 输卵管

输卵管长15~30 cm。前端扩大成宽大的输卵管漏斗，可包住整个卵巢。输卵管后端逐渐移行为子宫角，两者之间无明显的分界。

3. 子宫

子宫角长而弯曲，类似于小肠，但管壁较厚，颜色较白。两个子宫角基部连接在一起，但连接部分较短；子宫体较短；子宫颈很长，它和子宫体及阴道部没有明显的界限，因而没有子宫颈膣部；子宫颈的特征是黏膜上有两排彼此交错的突起。

4. 阴道

阴道长10~12 cm，较狭窄。阴道前端形成阴道穹窿，尿道外口前方有环形阴瓣，但只在幼龄猪稍发达。上皮厚度在发情时最厚，第12~16天降至最低。环状肌之内还有一薄的纵形肌层。

5. 外生殖器官

外生殖器官包括尿生殖前庭、阴唇和阴蒂。

二、母猪生殖器官在妊娠不同阶段的变化

未孕母猪生殖器官如图 1–1 所示，妊娠母猪子宫如图 1–2 所示。

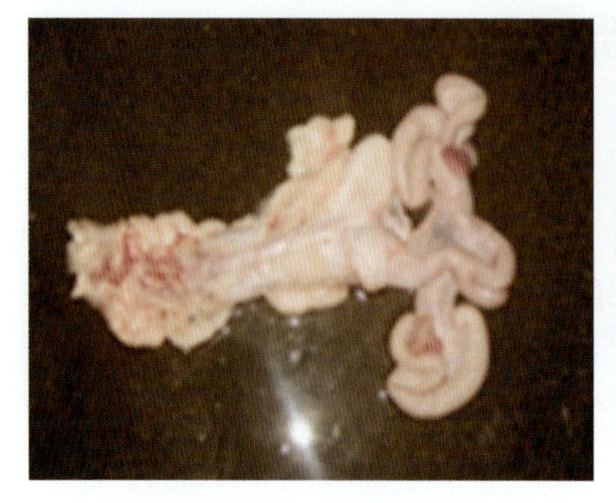

图 1–1　未孕母猪生殖器官

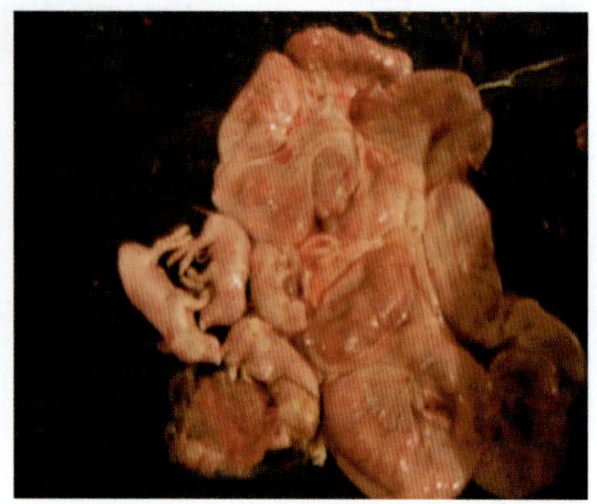

图 1–2　妊娠母猪子宫

1. 妊娠 0~20 d

子宫颈、子宫角与间情期非常相似，但此时子宫角分叉处变得不明显，子宫轻微增大且壁软，妊娠 3 周时，子宫中动脉直径增加至约 5 mm，在髂外动脉的前下方。子宫中动脉通过髂外动脉时容易找到，其向前向下进入腹腔。

2. 妊娠 21~30 d

子宫角分叉明显，子宫颈和子宫壁变薄且松软，子宫中动脉直径 5~8 mm，容易辨别。

3. 妊娠 31~60 d

子宫颈是壁软的管状结构，与子宫角的界限清楚。子宫壁薄。子宫中动脉增粗至与髂外动脉同样大小，最早在妊娠 35~37 d 可感觉到震颤脉搏，触诊时可与髂外动脉进行比较。

4. 妊娠 61 d 至分娩

子宫逐渐增大，子宫中动脉比髂外动脉更粗，震颤脉搏很强，位于髂外动脉的背面，而不是在前面，至妊娠末期才向下移动。体格小的母猪在两子宫角分叉水平上可触摸出来。

第二节　母猪B超妊娠诊断操作程序

近几年，随着国内养猪规模化、精准饲喂和数字化管理水平的提高，以及批次化生产管理的逐步推广，大力推广母猪定时输精技术的同时结合B超诊断繁殖母猪是否妊娠，使B超诊断成为规模化猪场繁殖管理的工具。

一、兽用B超仪的选择条件

目前，国内外有很多便携式兽用B超仪，一般选择凸阵（扇扫）探头较好（图1–3），因其扫查面宽更为方便，选择变频探头可以适合不同体格大小的母猪，根据不同品种母猪体格大小，可选择探头频率在3.5~7.5 MHz，很多设备能够进行一般产科测量，有USB接口的设备还可导出图像进行储存。

图1–3　便携式兽用B超仪（凸阵探头）

二、配套设备和耗材

配套设备：棍式保定器、软式保定器、方便携带的B超仪放置箱、便携包、有的B超仪配套遮光罩。

耗材：一次性乳胶短手套、口罩、耦合剂、长胶靴、连体工作服、工作帽、小块方毛巾、不同颜色蜡笔或者喷漆、笔、表格和记录本、U盘。

三、母猪B超早期妊娠诊断的操作方法

1. 保定

母猪可在限位栏自由站立（图1–4）或在限位栏内侧卧进行检查。针对不在限位栏的母猪，可在饲喂时操作，必要时可在采食时或者诱导采食时，用棍式保定器或软式保定器（图1–5）套住上颌口吻部，站立保定。

图 1-4　在限位栏检查

图 1-5　用软式保定器保定

2. 检查时间

一般在规模化猪场，在母猪配种后 18~24 d 做第 1 次检查，在 36~48 d 做第 2 次复查。可以配套制订妊娠诊断具体考核管理办法。

3. 扫查部位

主要在母猪腹胁部扫查，在猪倒数第 1~2 对乳头外侧，妊娠后期可选择下腹部。

4. 操作步骤

在猪舍网床上或限位栏内操作，把探头连线挂在操作者的颈肩部，按开关键打开 B 超仪，调节好对比度和增益大小，以适合当时当地的环境光线强弱条件和方便检查者进行观察。观察超声仪显示屏并调节屏幕影像，使对比度、增益大小与环境条件符合适宜，尽量使近场增大、远场减小，需要保存图像的可根据操作图像显示情况，调节扫查深度，使图像置于图中占据 1/2 或以上大部分，并且清晰成像。

在倒数第 1 对乳头后上方或倒数第 2 对乳房的上方，即在母猪大腿内侧最后乳头外侧腹壁上涂布耦合剂或者在探头上少量涂抹耦合剂，探头置于检测区，将探头紧贴皮肤，方向朝着骨盆腔入口，调节探头前后上下位置及入射角度，首先找到膀胱暗区，再在膀胱顶上方寻找子宫区或卵巢切面。采用定点、扇形扫查方法进行检测，记录检查结果（母猪号、检查时间、检查者等），观察图像和妊娠诊断结束后，关闭 B 超仪，可以用水冲洗的探头冲洗干净后，用软布或毛巾擦干探头以及主机和探头连线，按要求放置好 B 超仪配套部件。

5. 母猪妊娠B超诊断标准

B超仪通过腹壁内子宫成像，第1次妊娠诊断在配种后18~24 d，第2次妊娠诊断在配种后36~48 d，当观察到典型的孕囊暗区和胎儿的切面图像可诊断妊娠。母猪在妊娠不同阶段的图像，主要是显示孕囊、心跳、胎儿的不同切面图像，妊娠末期胎儿增大，骨骼部分呈强回声，有时可见胎儿体腔的切面图像。未孕母猪：子宫超声图像显示无孕囊暗区，子宫不扩张，无胎儿的切面图像。妊娠25 d前，当看到典型的孕囊暗区即可确认早孕阳性；妊娠25~40 d，看到完整的孕囊及胎体反射；妊娠40~60 d，骨骼钙化时期，可见较弱的胎儿骨骼影像；妊娠60 d以后，可见明显的骨骼影像及胎心搏动。

但未孕的判断须慎重，因为在受胎数目少或操作不熟练时难以找到孕囊，未见孕囊不等于没有妊娠，因此会存在漏检错判的可能。在判断未孕时应于腹胁两侧较大面积仔细扫查，必要时再过一段时间复查。当扫查无反射（液体）和强反射（致密组织）的部位时，分别显示无回声的黑色和强回声的白色区域，图像显示的是被查部位的一个切面断层图像。

四、母猪早期妊娠典型声像图谱

母猪在妊娠不同阶段的图像，主要是显示孕囊（图1-6~图1-19）、心跳（图1-9，动态图像清晰可见）、胎儿的不同切面图像（图1-9、图1-10、图1-15、图1-17、图1-18、图1-20~图1-22）。妊娠末期胎儿增大，骨骼部分呈强回声（图1-22），有时可见胎儿体腔的切面图像。未孕母猪的子宫超声图像显示无孕囊暗区，子宫不扩张，无胎儿的切面图像（图1-23）。

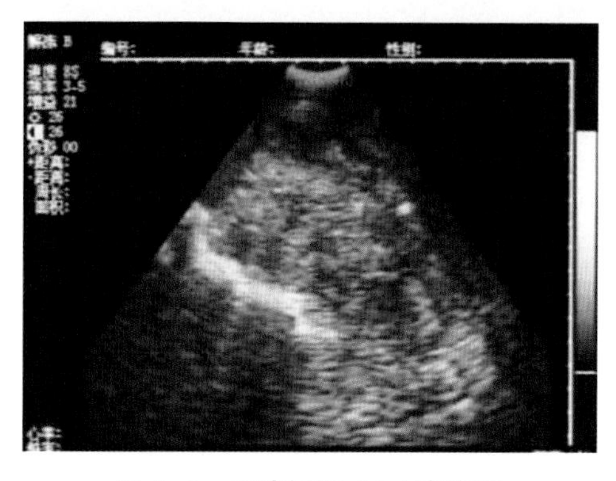

图1-6　母猪妊娠17 d声像图

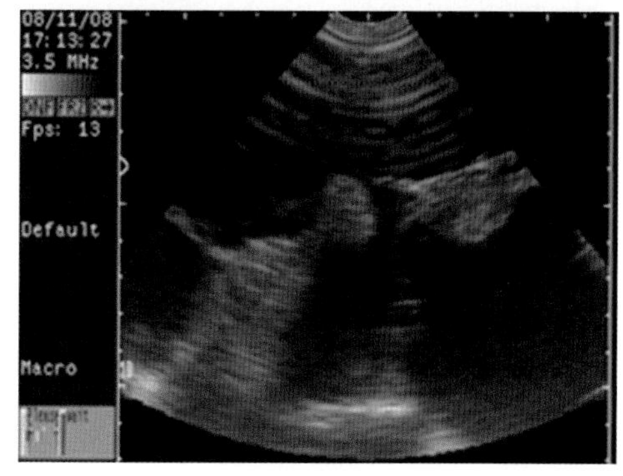

图1-7　母猪妊娠18 d声像图

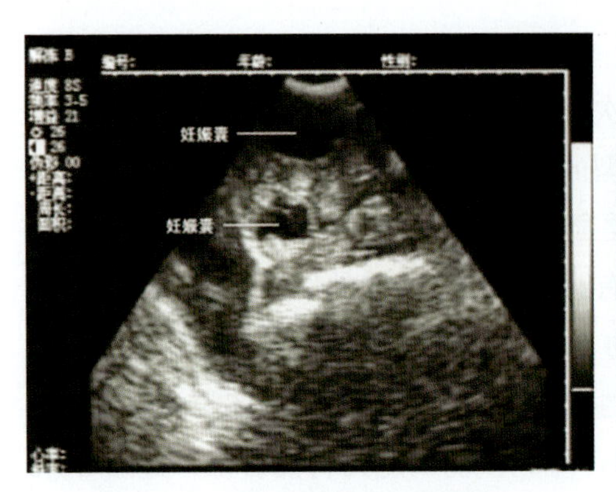

图 1-8　母猪妊娠 19 d 声像图

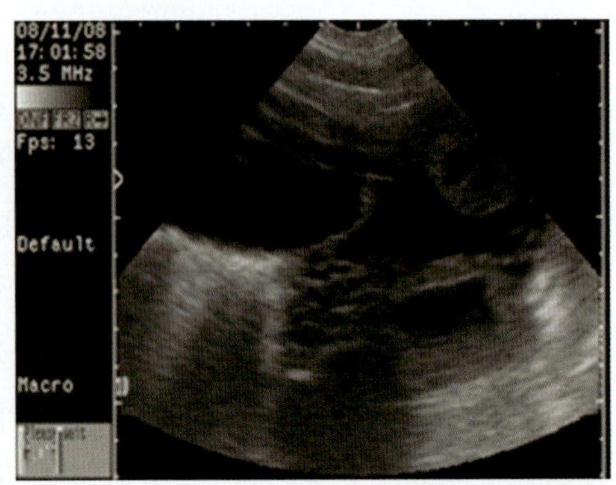

图 1-9　母猪妊娠 29 d 声像图
（孕囊增大并有胎心搏动）

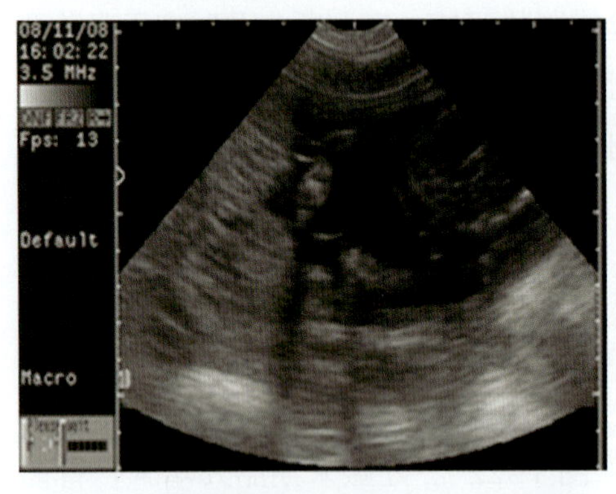

图 1-10　母猪妊娠 30 d 时胎儿的切面图像

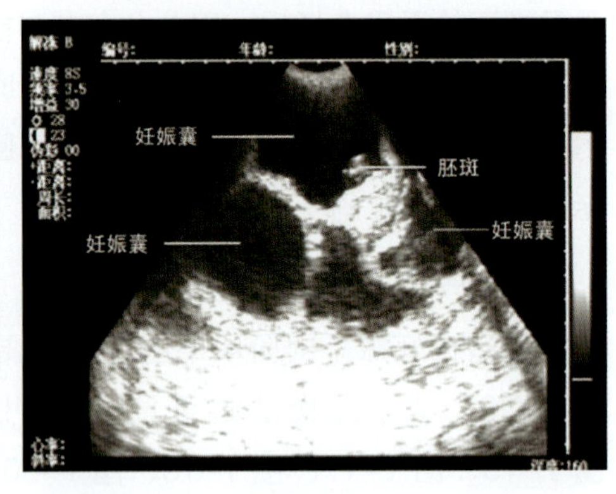

图 1-11　母猪妊娠 30 d 声像图

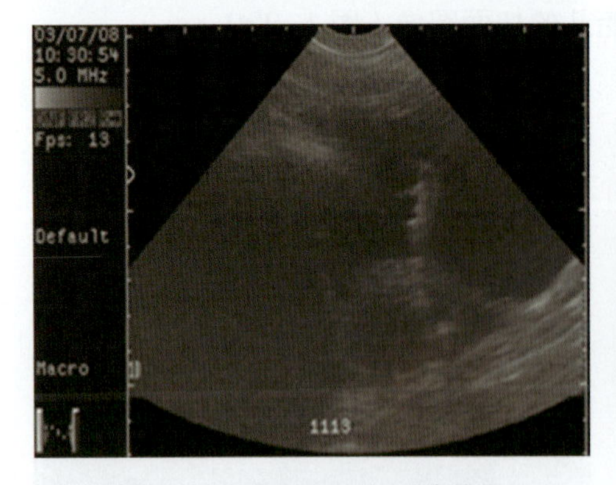

图 1-12　母猪妊娠 34 d 声像图
（子宫扩张暗区增大）

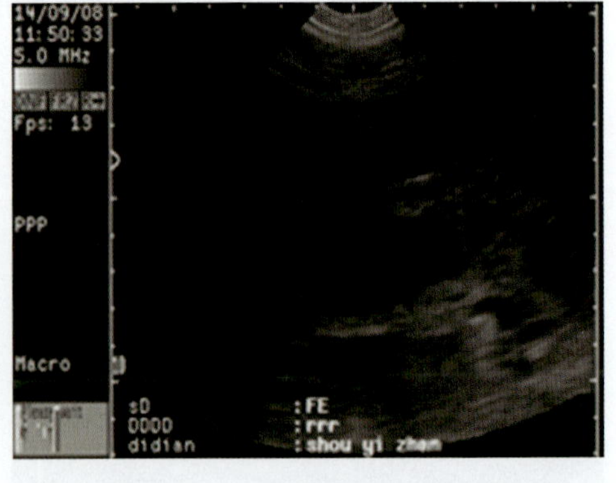

图 1-13　母猪妊娠 35 d 声像图

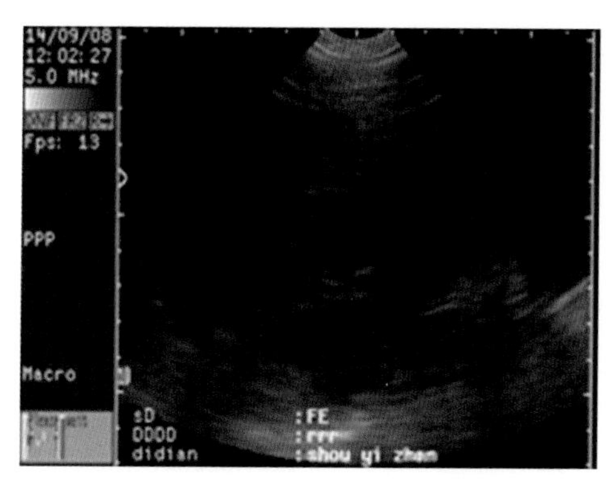

图 1–14　母猪妊娠 36 d 声像图

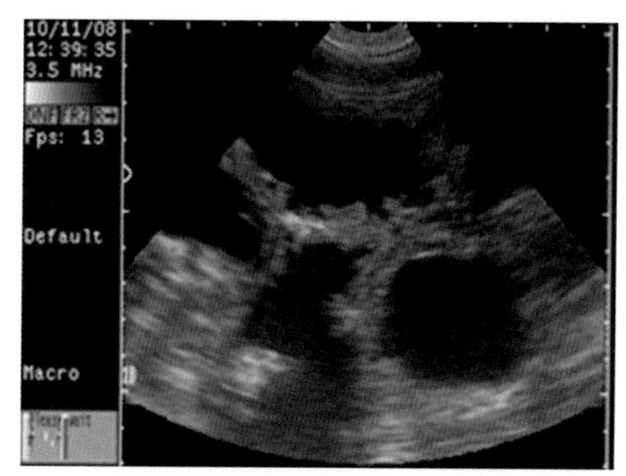

图 1–15　母猪妊娠 37 d 声像图
（孕囊暗区中有胎体强回声图像）

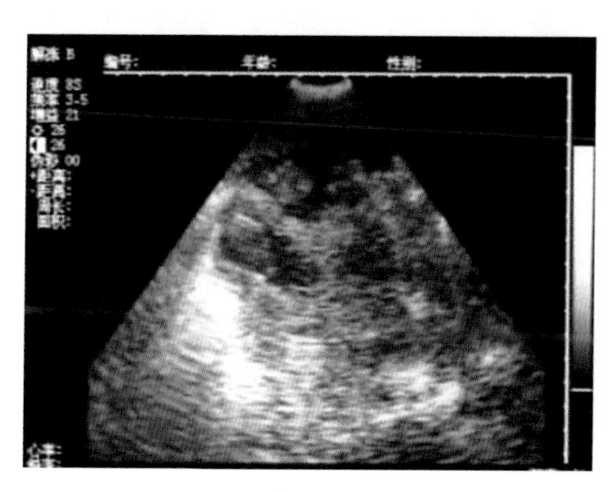

图 1–16　母猪妊娠 39 d 声像图

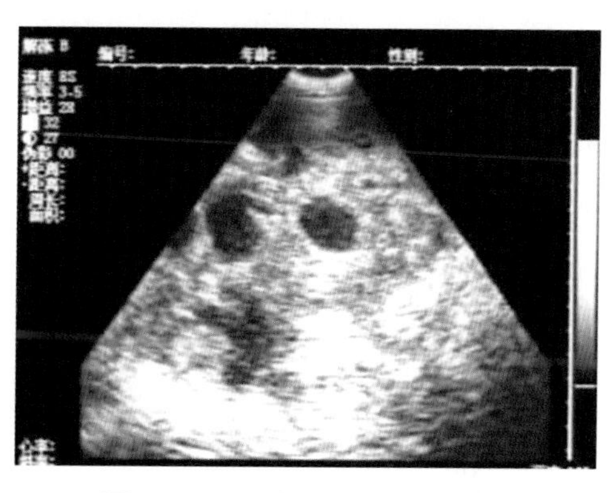

图 1–17　母猪妊娠 40 d 声像图

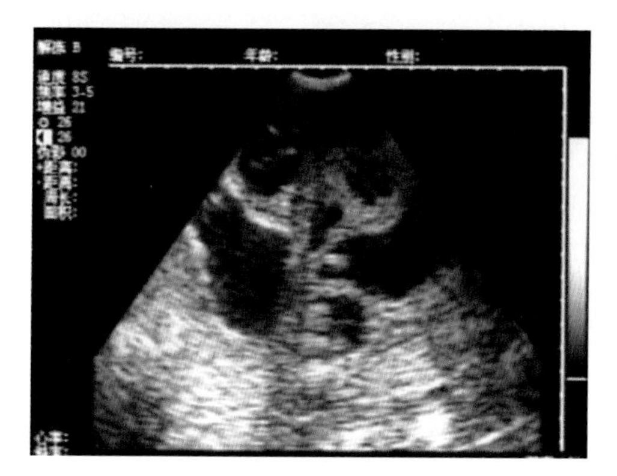

图 1–18　母猪妊娠 43 d 声像图

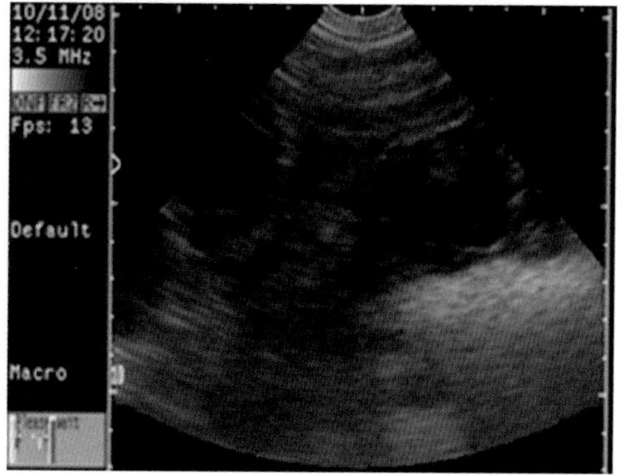

图 1–19　母猪妊娠 45 d 声像图
（多个孕囊，其中有不规则强回声）

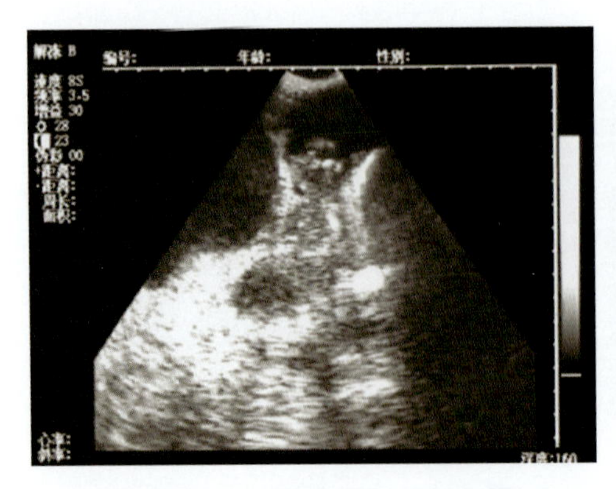

图 1-20　母猪妊娠 48 d 声像图

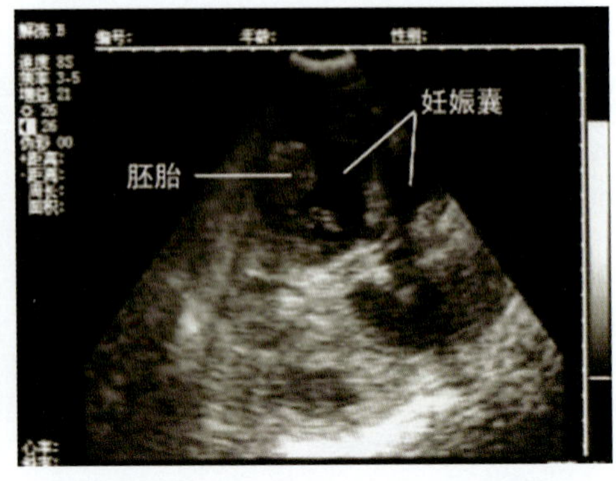

图 1-21　母猪妊娠 68 d 声像图

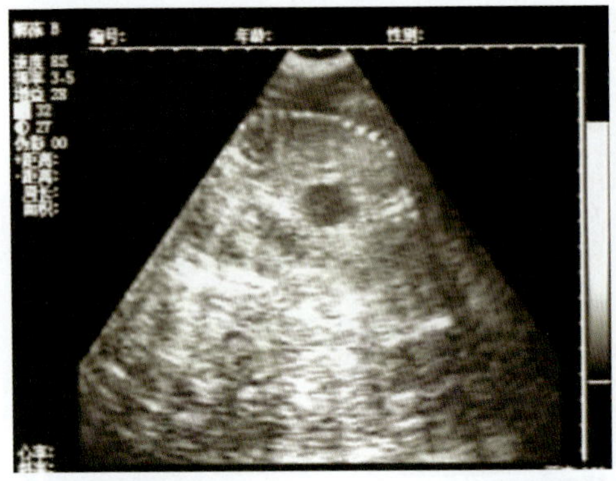

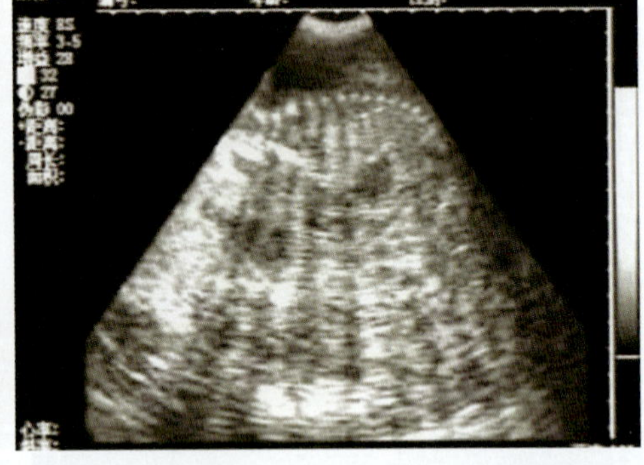

图 1-22　母猪妊娠 85 d 声像图

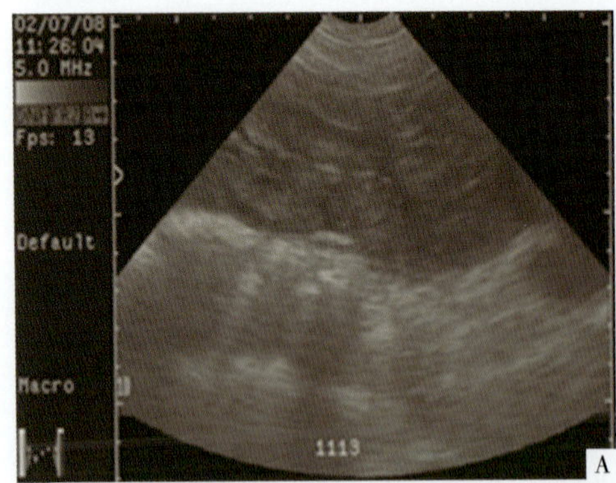

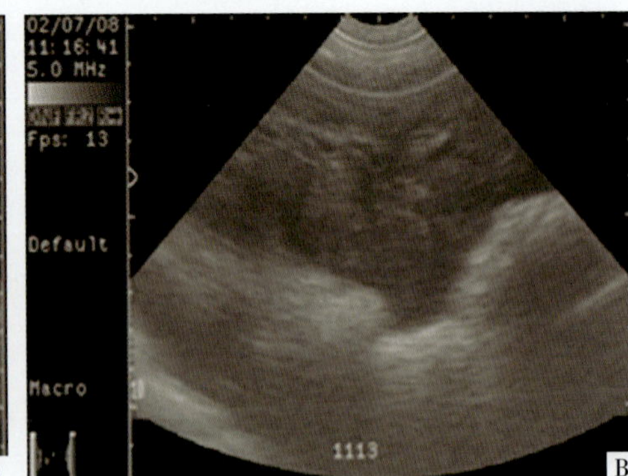

图 1-23　未孕母猪子宫声像图

A. 纵切面；B. 横切面

第二章　母羊生殖器官和B超早期妊娠诊断

第一节　母羊生殖器官的解剖概述

一、母羊的生殖器官

1. 卵巢

卵巢是稍扁的椭圆形、卵圆形或圆形，长1~1.5 cm、宽0.5~1 cm、厚0.5~1 cm。

2. 子宫

子宫是孕育胚胎、胎儿的器官，妊娠时子宫黏膜或其一部分构成母体胎盘，适应胎儿发育的需要。子宫包括子宫角、子宫体、子宫颈三部分，根据其形态不同，可分为两种类型。羊的两个子宫角基部之间有一纵隔。子宫角是弯曲的，分为大弯和小弯。子宫角长10~12 cm。胎次少的羊，子宫角弯曲部分如绵羊角状（图2–1），位于骨盆腔内，每次产后，子宫角并不完全恢复到原来的形状及大小，所以经产羊的子宫角垂入腹腔，子宫角的前端尖细，子宫角基部直径为0.5~1.5 cm，子宫体短，仅长3~5 cm，子宫角和子宫体的黏膜上有小丘状的子宫阜（图2–2），绵羊为80~100个，表面常有一浅窝，绵羊的母体胎盘为盂状。

3. 羊的胎盘

羊的胎盘形成基本上与牛相同，绵羊的子叶绒毛大约于排卵后20 d伸出，胎盘突小而圆，母体胎盘和胎儿子叶的形状与牛相反，绵羊母体胎盘的表面是凹的，呈盂状，将圆的子叶包起来。

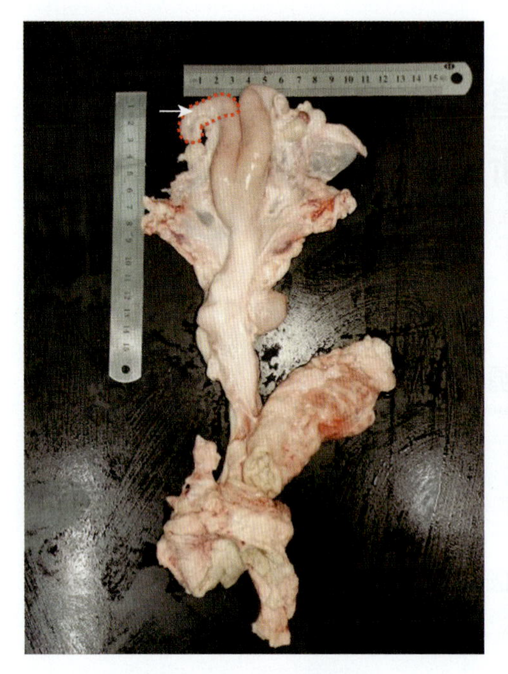

图 2-1　母羊生殖器官

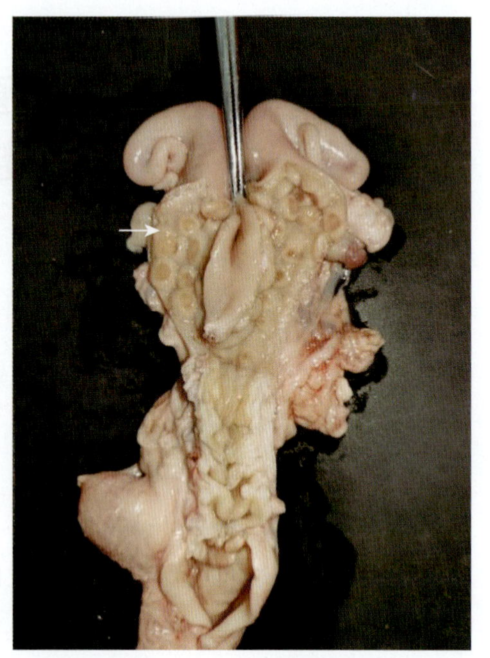

图 2-2　母羊生殖器官
（子宫切开）

二、母羊生殖器官在妊娠不同阶段的变化

绵羊胎龄 30 d 左右时，冠尾长 0.3~2 cm，胎儿头、体和四肢可见；胎龄 45~60 d 时，冠尾长 9~15.5 cm，胎儿四肢末端可见到蹄尚未出毛，该期结束时瘤胃发育；胎龄 75~90 d 时，冠尾长 15~35 cm，胎儿蹄和上眼睑开始出现触毛；胎龄 105~120 d 时，冠尾长 35~40 cm，胎儿睫毛明显，尾部及头部出毛；胎龄 135 d 以上时，冠尾长 40 cm 以上，胎儿发育良好，体表覆盖有毛，蹄完成发育，但很软。

母羊妊娠不同阶段羊子宫的形态比较如图 2-3 所示，妊娠母羊的子宫角内有子叶、胎膜、胎水和胎膜内的胎儿。母羊妊娠 40 d 左右子宫内的胎膜和胎儿如图 2-4 所示，母羊妊娠 50 d 左右的子宫纵切面外观如图 2-5 所示，母羊妊娠 3 个月的子宫和子宫腔内不同组织层次的外观如图 2-6 所示。

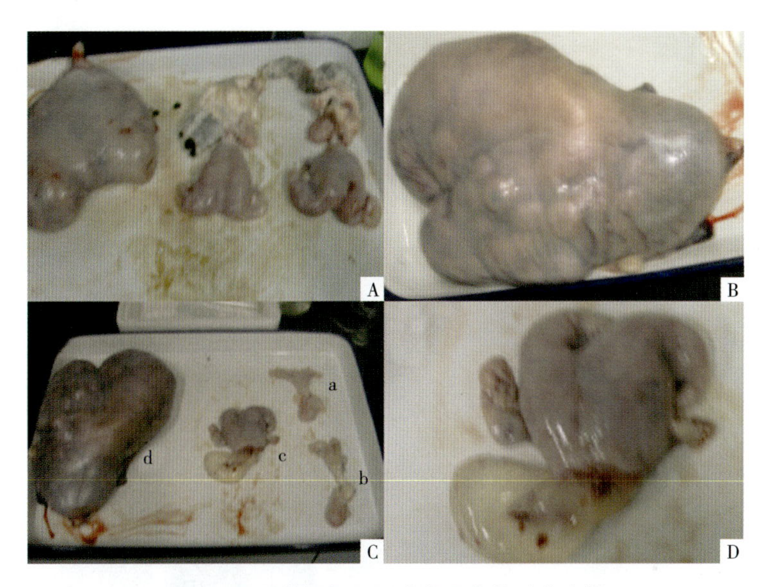

图 2-3　母羊妊娠不同阶段子宫的形态比较

A. 母羊妊娠 40~50 d 子宫与妊娠 3 个月子宫外观比较；B. 母羊妊娠 3 个月子宫的外观；
C. 未孕母羊子宫（a、b）、妊娠 40~50 d 子宫（c）和妊娠 3 个月子宫（d）的外观比较；
D. 母羊妊娠 50 d 左右子宫外观与切开子宫横切面出现的胎膜、胎水及胎膜内的胎儿

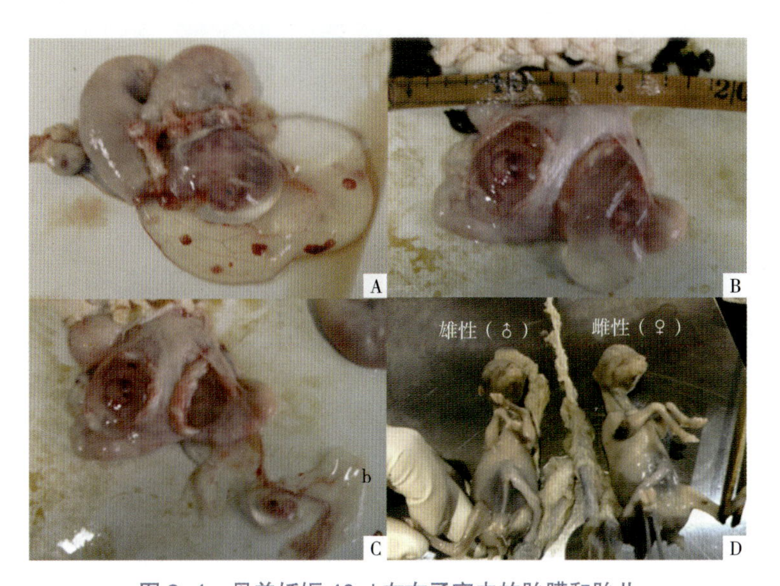

图 2-4　母羊妊娠 40 d 左右子宫内的胎膜和胎儿

A. 子宫横切面出现的胎膜、胎水和羊膜内的胎儿（单胎）；B. 子宫纵切面出现子宫内的胎膜、胎水和羊膜内的胎儿（单胎）；C. 子宫纵切面出现的胎膜、胎水和羊膜内的胎儿（双胎）；D. 妊娠 2 个月不同性别的双胎

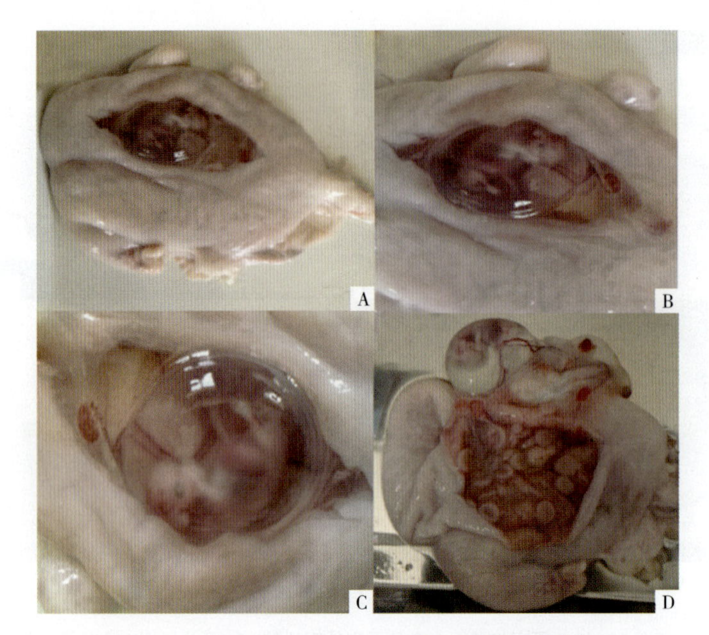

图 2-5 母羊妊娠 50 d 左右的子宫纵切面外观

A~C. 子宫切开后显示胎膜，其内有羊水和胎儿；D. 子宫切开后显示胎膜、胎儿和子叶

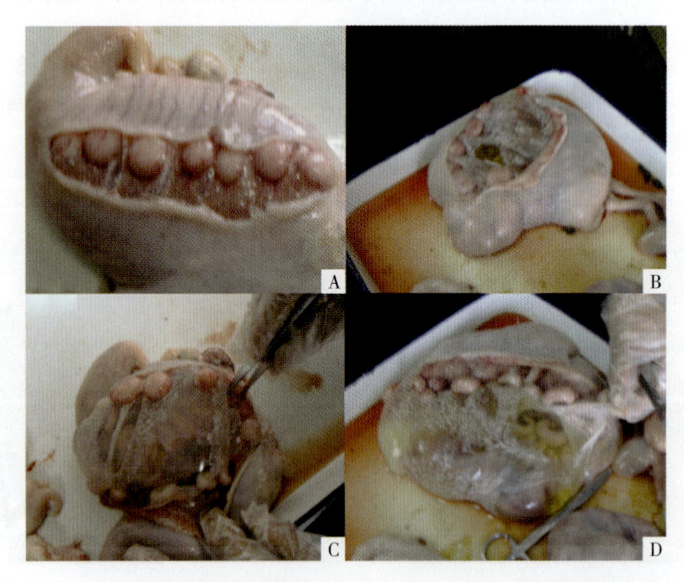

图 2-6 母羊妊娠 3 个月的子宫和子宫腔内不同组织层次的外观

A. 子宫切开后的外观（显示子叶）；B、C. 子宫切开后显示子叶和胎膜（子叶和胎膜连接在一起）；D. 子宫切开后显示子叶、羊胎盘的结构和胎水（胎膜上的绒毛在饼状子叶的中间凹陷处密集成束）

第二节　母羊 B 超妊娠诊断操作程序

在羊场繁殖管理工作中，应用 B 超进行羊的早期妊娠诊断和鉴别胎儿数量进行分群饲养显得尤为重要。这为规模化羊场提高受胎率、充分利用饲料条件满足不同怀胎数量母羊的营养需要提供了依据，同时可提高多胎羔羊的成活率，因此今后 B 超应用于羊场的繁殖管理将会越来越重要。应用 B 超仪对绵羊等进行单胎和多胎鉴别诊断，实现分群饲养管理、保证妊娠后期营养需要、减少妊娠毒血症，一定程度上可以提高产后母羊泌乳量和达到提高羔羊成活率的目的。以下提供的典型声像图谱，可以作为一线养羊生产技术人员识别妊娠图像的依据和参考，从而促进规模化养羊业的发展，提高养羊业的经济效益。

一、兽用 B 超仪的选择条件

母羊在配种后 30~45 d 进行直肠路径 B 超扫查诊断是否妊娠，选择长柄式直肠探头（图 2–7）进行直肠内操作。在配种后 45 d 以上进行腹部扫查，可以选用便携式兽用 B 超仪，配备线阵探头或者凸阵探头，优先选择扫查面宽相对好的凸阵探头。如果需要保存图像，可以选择目前有 USB 接口的便携式兽用 B 超仪。

B 超探头的选择：探头频率可用 2.25~5.0 MHz，妊娠早期可用频率高的（如 5.0 MHz）探头，妊娠后期可用频率低的探头。

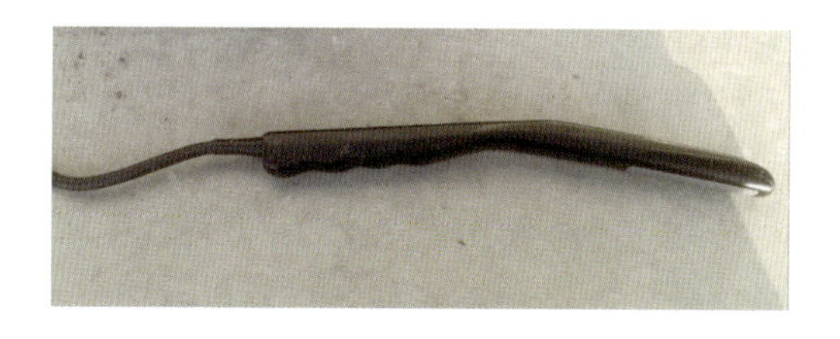

图 2–7　长柄式直肠线阵探头

例如，便携式兽用 B 超仪，配备 5.0~7.5 MHz 变频线阵探头（图 2–8A）和 3.5/5.0 MHz 变频凸阵探头（图 2–8B），需要保存图像时可取出储存卡，安装在采集卡上，接口连接计算机转存图像（图 2–9），传输图像不如有 USB 接口的仪器方便，目前多数仪器是 USB 接口，一般操作环境温度为 5~40℃。

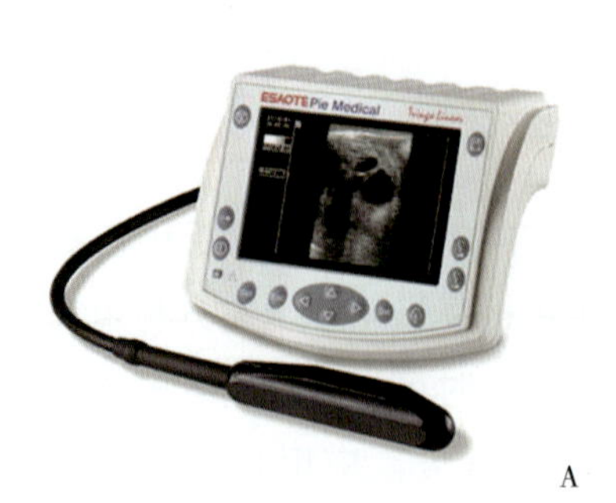

A

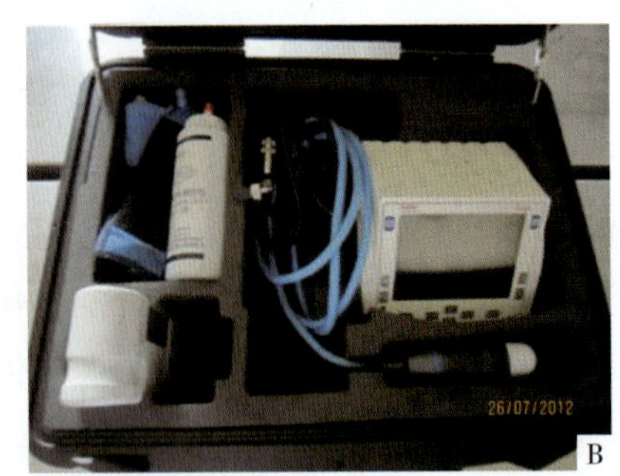

B

图 2-8 便携式兽用 B 超仪

A. 线阵探头；B. 凸阵探头

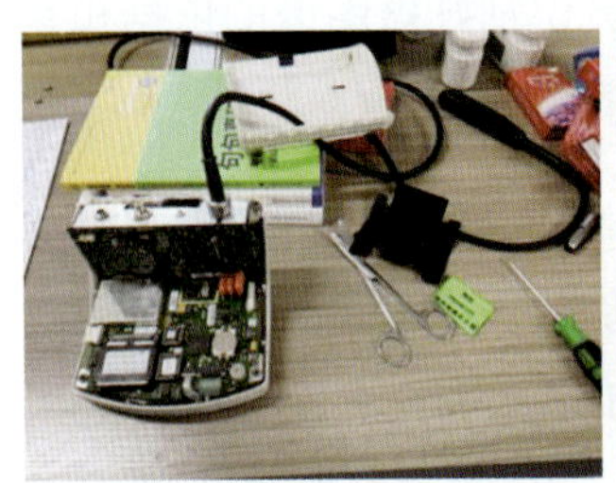

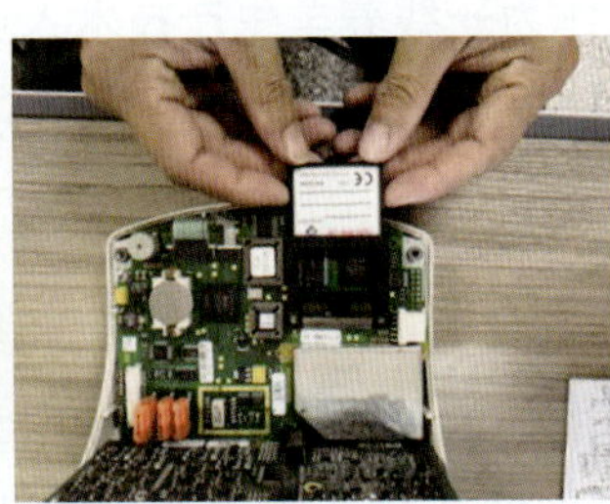

图 2-9 取出储存卡，安装在采集卡上，接口连接计算机转存图像

如果需要确定怀胎数量，进行多胎检测鉴别诊断，可以选用目前专用的便携式羊多胎检测超声仪（图 2-10），探头可拆卸。探头自带耦合剂输入导管。探头中心频率：3.5 MHz、5 MHz；扫描仪频率：2.5 MHz、3.5 MHz、5.0 MHz、7.3 MHz。图像模式：170° 扇形图像，可倒转图像（上、下）、逆转图像（逆时针、顺时针方向扫描）、冻结图像。显示深度：3 cm、6 cm、9 cm、12 cm、16 cm、19 cm、22 cm、25 cm、28 cm、32 cm。可以进行羊躯干和头部直径测量，质量：2 kg，专用电池连续工作 7 h，配置便携主机、170° 专用扇扫探头（图 2-11）、VR 目镜显示器、远程显示器、主机电池、充电器、远程显示器电池。环境要求：适宜温度，-10~40℃。

二、配套设备和耗材

配套设备：移动式围栏、自动识别称重系统和分群装置。

耗材：一次性乳胶短手套、耦合剂、避孕套、液体石蜡、长胶靴、连体工作服、工作帽、毛巾或者软布、塑料皮筋、不同颜色蜡笔或者喷漆、笔、表格和记录本。

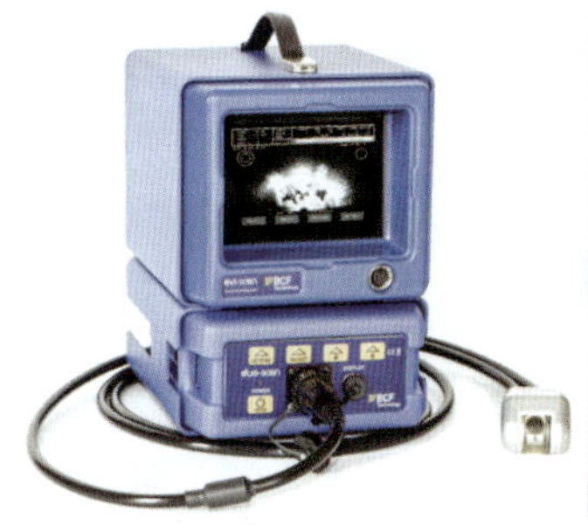

图 2-10　便携式羊多胎检测超声仪

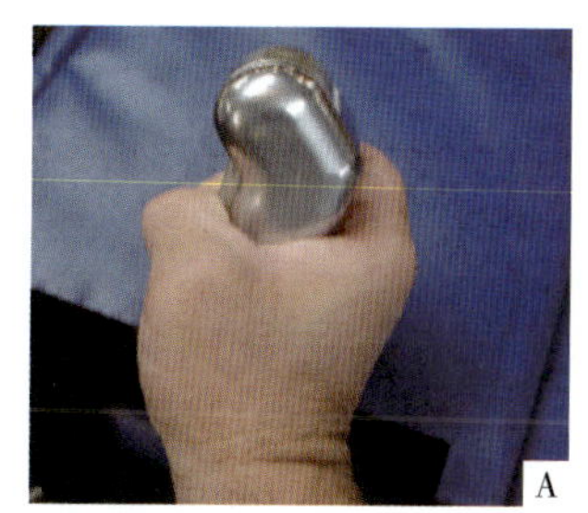
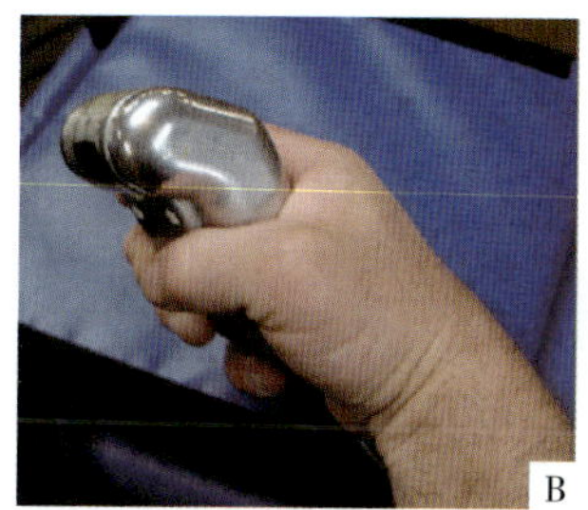

图 2-11　170° 专用扇扫探头

A. 侧面；B. 扫查面

三、母羊 B 超早期妊娠诊断的操作方法

1. 保定

一般母羊采取自然站立姿势（图 2-12），保持安静即可，采用专门的保定笼和自动称重分群系统的配套一体化设备，采用站立保定在乳房侧方无毛区进行扫查。也可采用简易保定架保定。

兽用 B 超仪扫查诊断早期是否妊娠时，在妊娠早期（配种后 30~45 d）可采取站立保定检查；妊娠中后期（配种后 45 d 以上）进行腹部检查，针对体格中小型的母羊（如哈萨克羊、藏羊等）可采用半仰卧位保定（图 2-13），针对湖羊、小尾寒羊及体格较大的羊可采用左侧卧保定检查（图 2-14）。

2. 检查时间

应用 B 超可能在配种后 20~30 d 扫查到胎囊、胎体或胎盘诊断妊娠。预测胎数扫查在妊娠 45~50 d 时准确率最高，妊娠 100 d 以上，由于胎儿长大，探头不能扫查到整个胎儿，所以影响准确率。

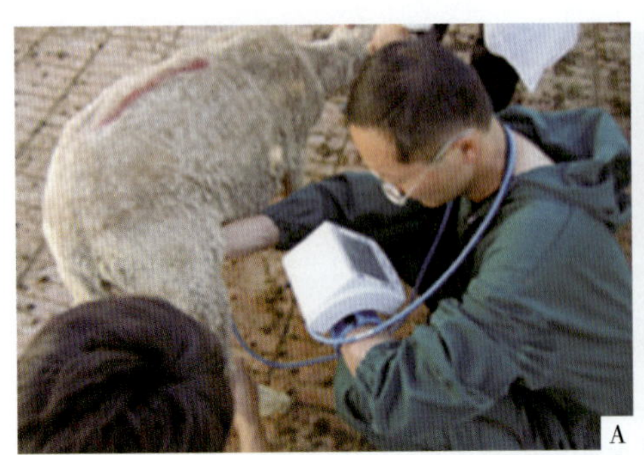
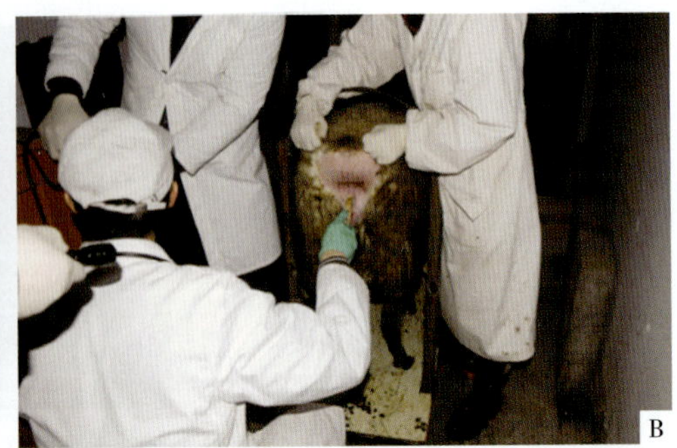

图 2-12　绵羊站立保定

A. 腹部 B 超检查；B. 直肠 B 超检查

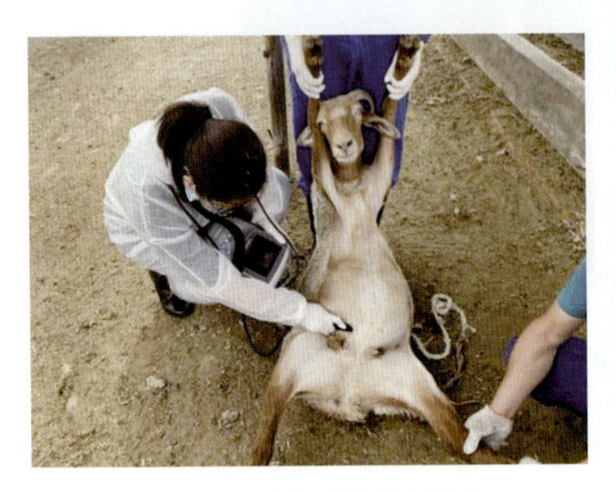

图 2-13　半仰卧位保定检查

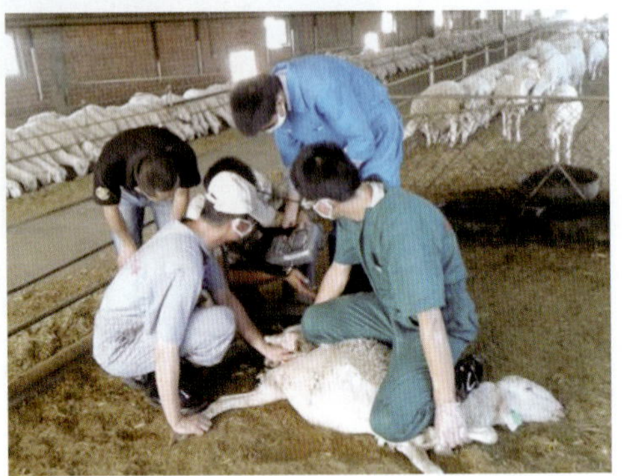

图 2-14　左侧卧保定检查

3. 扫查部位

准确判定怀胎数，一般扫查时间为妊娠 45 d 后。配种后 45~100 d 站立保定，在腹部做 B 超检查，对乳房旁侧无毛区用凸阵探头扫查，快速鉴别怀胎数量。

4. 操作步骤

（1）准备工作

调节仪器参数条件：观察仪器显示屏并调节屏幕影像，使对比度、增益度与环境条件相匹配，尽量使近场增大，远场减小，需要保存图像时，可根据操作图像显示情况，可调节扫查深度，使图像置于图中至少占据 1/2 或以上大部分，并且清晰成像。

一般需要检查前 1 d 禁食至少 12 h。舍饲母羊如果圈舍卫生较差的，需要准备半盆水和软布将乳房旁侧无毛区擦洗除去污垢，有些品种羊如波尔山羊需要在腹部用电动剪剪毛后再检查。

（2）操作方法

妊娠早期，最好使用直肠探头在直肠内检查，检查者蹲于羊的一侧，戴上手套涂抹液体石蜡，先掏取部分粪便，探头涂抹耦合剂，线阵探头进入直肠内扫查，深入直肠内 15 cm，约过膀胱，向两侧转 45° 角进行扫查。如果子宫已经垂入腹腔，探头要继续前伸，直到能扫查到。如果要用凸阵探头做早期妊娠检查，在乳房旁侧无毛区紧贴皮肤，朝向骨盆腔入口方向，进行定点扇形扫查，早期胎囊不大，胚胎很小，需要慢扫细查才能探到。也可以用扇扫探头，在乳房前部进行扫查，母羊早孕诊断准确率 97% 以上。

妊娠中后期，在配种后 45 d 进行腹壁扫查，可在乳房两侧或乳房旁少毛区，两乳房间隔扫查，先在乳房旁侧无毛区域涂上少量医用耦合剂进行滑行扫查或扇形扫查。滑行扫查是指探头贴着腹壁做直线移动；扇形扫查是探头固定一点，做各种方向的扇形摆动。左侧卧保定检查时，对右侧腹壁无毛区进行扫查。有些品种羊如波尔山羊需要用电动剪剪毛后，在乳房旁侧涂抹耦合剂进行扫查。

在半仰卧位保定进行腹壁扫查时，如果使用线阵探头，探头接触面应紧贴皮肤，向内平推挤压，然后转动探头使扫查面向下呈水平位置，可以很容易显示子宫的切面图像。此时，如果在一侧扫查未发现妊娠图像，应在另外一侧无毛区域再做扫查，以免遗漏误判。

以上扫查时注意应将腹壁尽量向内挤压，观察并调节屏幕图像，使对比度、增益度适宜，尽量使近场增大，远场减小，B 超检查时实时观察图像确定是否妊娠，获得理想图像时即冻结影像，记录测量时间、地点、羊号，需要储存典型图像的，应冻结储存或者动态回放选择需要的图片，及时将图像转存到笔记本电脑上。观察动态图像鉴别多胎，当动态图像上显示出胎儿典型妊娠图像后，马上按下冻结键，然后保存典型声像图。

在检测怀胎数量时，绵羊进入保定通道，在专门保定栏内站立保定（图 2-15~图 2-17），在乳房侧方无毛区涂布耦合剂，拳握式抓取探头并用拇指、食指及中指捏起皮肤（图 2-18），手指固定探头与皮肤，使探头与皮肤紧贴，固定探头后进行扇形扫查（图 2-19），动态显示图像，观察判断怀胎数量。若无专门保定装置，则采用左侧卧简易保定检查。

图 2-15　可拆卸的保定栏

图 2-16　安装好的保定栏

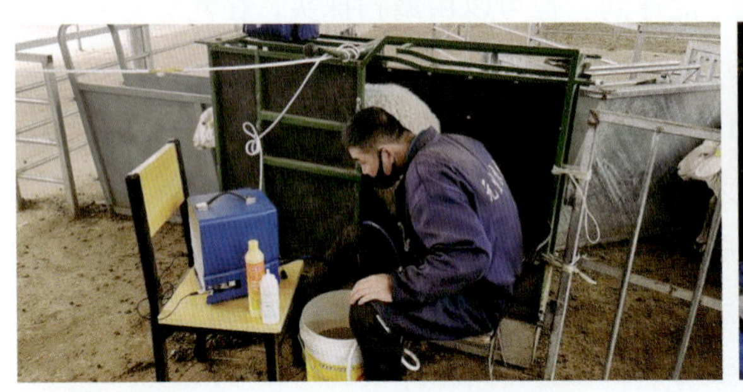

图 2-17　在羊专用保定栏检查

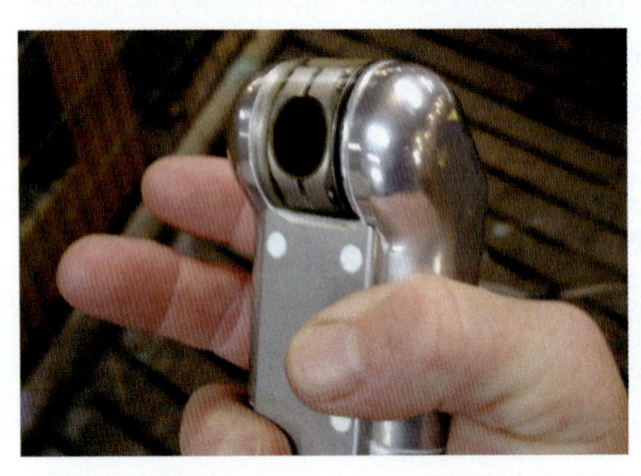

图 2-18　使用（凸阵）探头时抓羊皮肤手法

图 2-19　探头扇形扫查

为了鉴别单胎和多胎，预测怀胎数的扫查方法最好使用便携式羊多胎检测超声仪。便携式羊多胎检测超声仪扫查母羊的方法：首先确定母羊妊娠，然后在妊娠子宫范围内细心扫查。在鉴别筛查操作时，最好配套围栏、自动识别称重和分群系统，可提高工作效率，方便进行分群后针对性饲养管理，对提高羔羊的成活率、降低成本很有帮助。妊娠 100 d 以上，由于胎儿长大，探头扫查不到整个胎儿，影响诊断准确率。

5. 母羊妊娠B超诊断标准

未孕母羊和妊娠25 d以内的母羊，子宫位于盆腔内，子宫体在膀胱上方中央，两子宫角垂直向膀胱两侧前下方。妊娠15 d时，胎囊呈丝状展开，长100~150 mm，位于黄体同侧的子宫角内。妊娠17~20 d时，胎囊伸向对侧子宫角，同时充有液体。妊娠23 d时，在膀胱下面有一小的带状无回声区（胎水）。妊娠25 d时，子宫内有一较小的不规则无回声区，在其中可看到胎体，但看不到胎心搏动。妊娠30 d时，不规则的无回声区扩大并移至膀胱前下方，无回声区边缘或其中有扣状的小回声为母子胎盘，可见羊膜囊内有胎体，细心观察可见到胎心搏动。便携式羊多胎检测超声仪可测量子宫阜的直径，发现子宫阜的平均直径与妊娠天数有明显的曲线关系，子宫阜发育至最大直径是在妊娠80 d。羊为子叶型胎盘，声像图上呈碟状（扁平的、圆盘形）较强回声区。

四、母羊早期妊娠典型声像图谱

1. 母羊早期妊娠单个胎儿和多个胎儿典型声像图

使用常规线阵探头和扇扫探头在移动或转动探头扫查过程中，单个胎儿母羊早期妊娠在子宫一般出现1个扩张孕囊，其中只有单个胎儿断面图像，而多个胎儿出现多个孕囊，在扩张子宫中出现2个及以上胎儿的断面图像。单个胎儿和多个胎儿妊娠的具体典型声像图如下。

（1）单个胎儿典型声像图

移动或旋转探头，以不同角度在不同切面图像中显示只有1个不规则、类似椭圆形暗区内出现胎儿的不同断面图像（图2-20）。

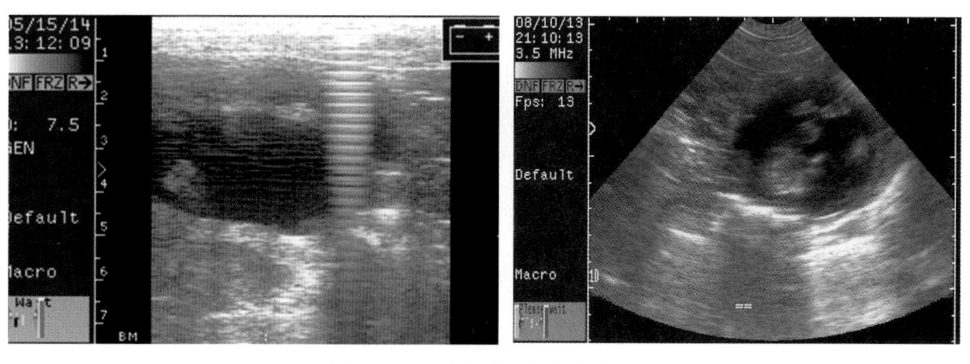

图2-20　单个胎儿妊娠声像图

A. 线阵探头；B. 扇扫探头

（2）多个胎儿典型声像图

出现多个椭圆形或者多个有边界的扩张子宫，其内部有多个不同的胎儿切面图像。2 个胎儿妊娠声像图如图 2-21 所示，3 个胎儿妊娠声像图如图 2-22 所示，多个胎儿妊娠声像图如图 2-23 所示。

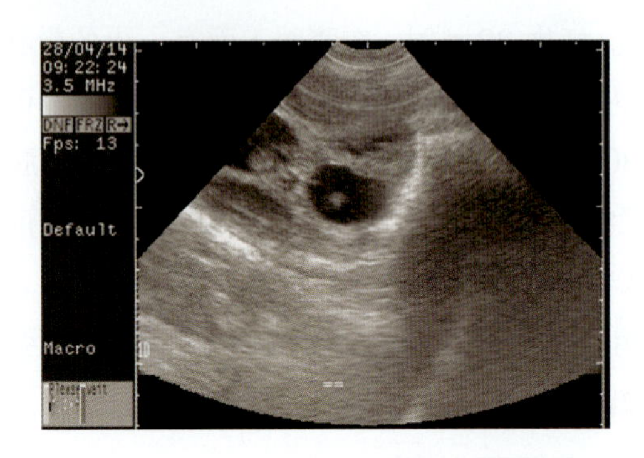

图 2-21　2 个胎儿妊娠声像图

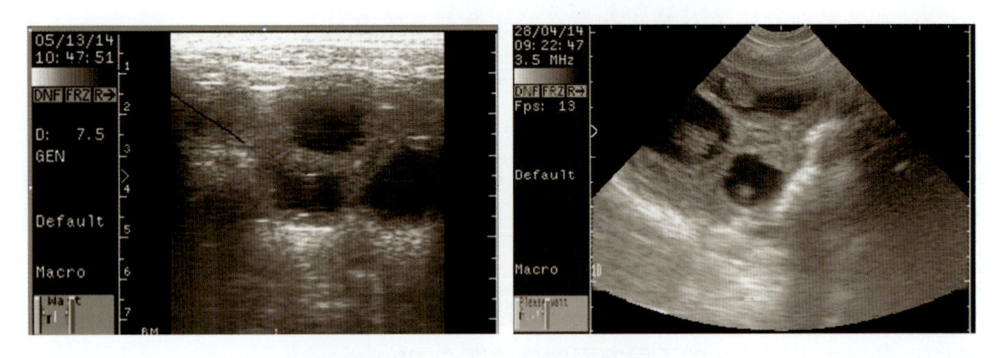

图 2-22　3 个胎儿妊娠声像图

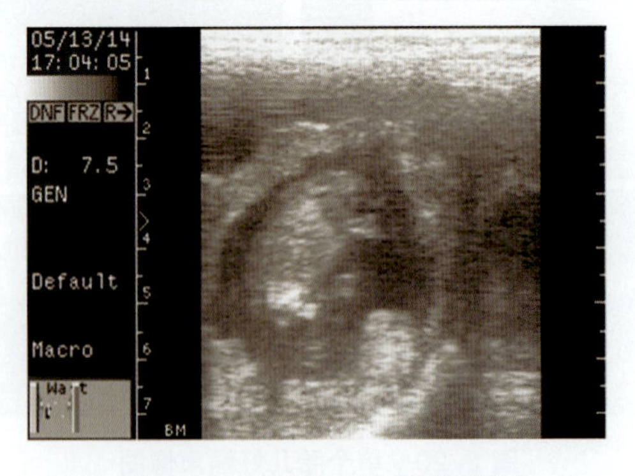

图 2-23　多个胎儿妊娠声像图

2. 母羊妊娠不同阶段的典型声像图

从母羊妊娠不同阶段的声像图上可以看到子宫扩张，有胎儿的不同断面图像（图 2–24~ 图 2–28），有胎动、胎膜呈现线状飘带状，胎水为液性暗区。另外，羊胎盘子叶切面不同，其声像图呈现椭圆形、轮胎形（有的认为类似过去使用的铜钱状）、月牙形和橘子瓣状（图 2–29）。妊娠后期胎儿矢状面声像图显示肋骨的切面图像，部分腹腔和胸腔的切面图像如图 2–30、图 2–31 所示。

3. 使用便携式专用羊多胎检测 B 超仪扫查的典型声像图

通过大量实践操作，发现使用便携式专用羊多胎检测 B 超仪扫查过程中，探头适当转动扫查方向，显示动态切面声像图观察更方便鉴定怀胎数量，因此，静态实时切面图像显示为单个胎儿或 2 个胎儿，不能简单地认为是妊娠为单胎

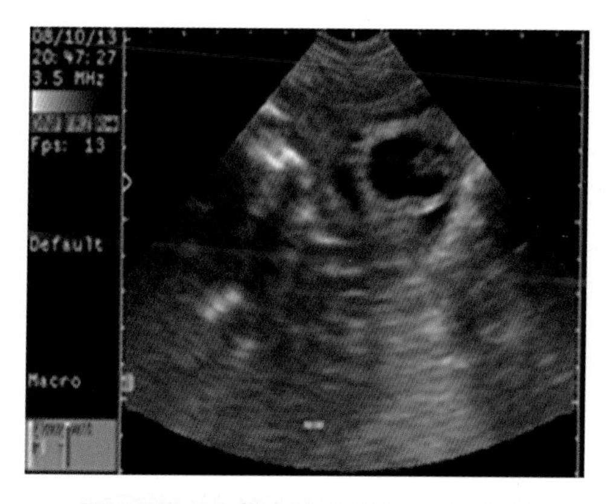

图 2–24　哈萨克羊妊娠 35 d 声像图

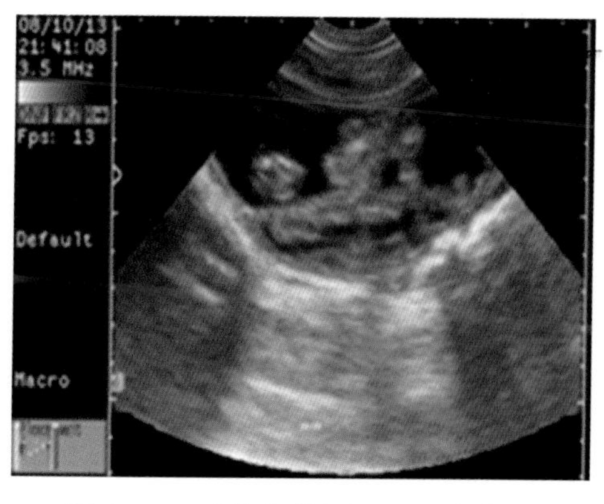

图 2–25　哈萨克羊妊娠 40 d 声像图

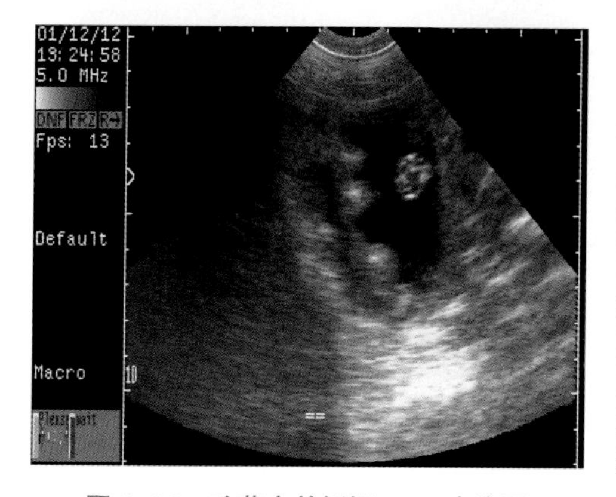

图 2–26　哈萨克羊妊娠 45 d 声像图

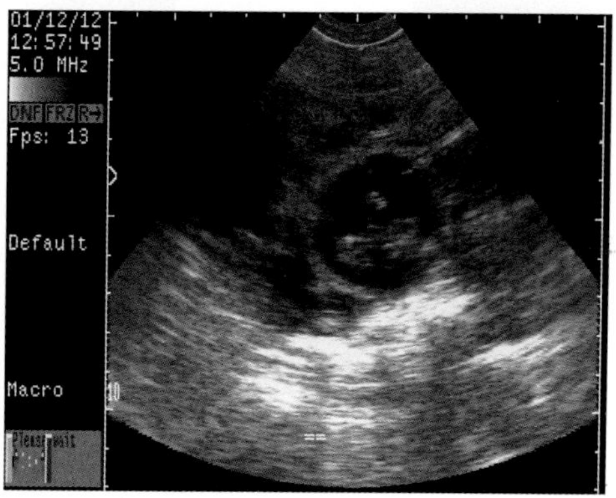

图 2–27　哈萨克羊妊娠 50 d 声像图

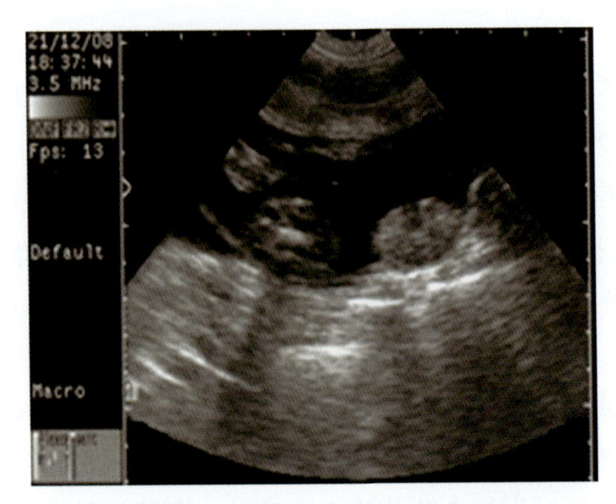

图 2–28　小尾寒羊胎儿和子叶声像图

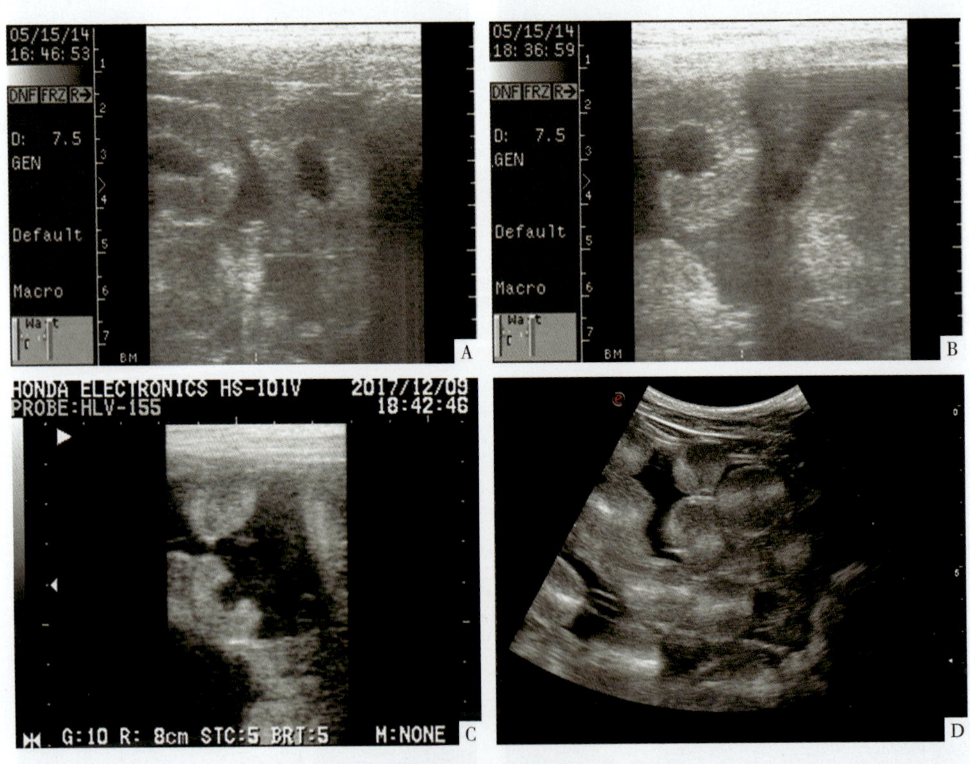

图 2–29　羊胎盘子叶不同扫查切面的声像图

A. 轮胎形；B. 橘子瓣状；C. 月牙形；D. 椭圆形

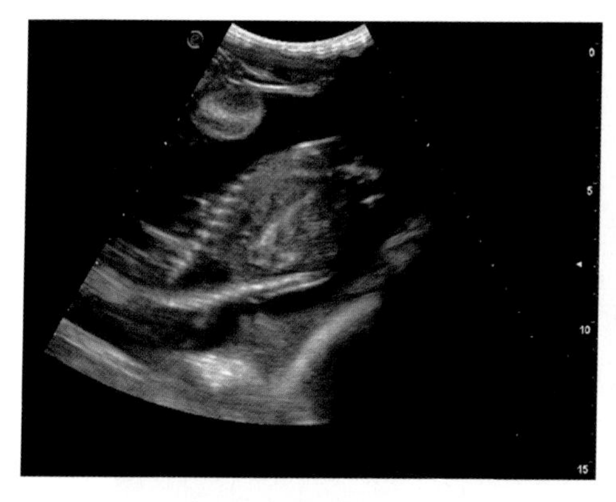

图 2-30 羊胎儿腹部和肋骨矢状面声像图

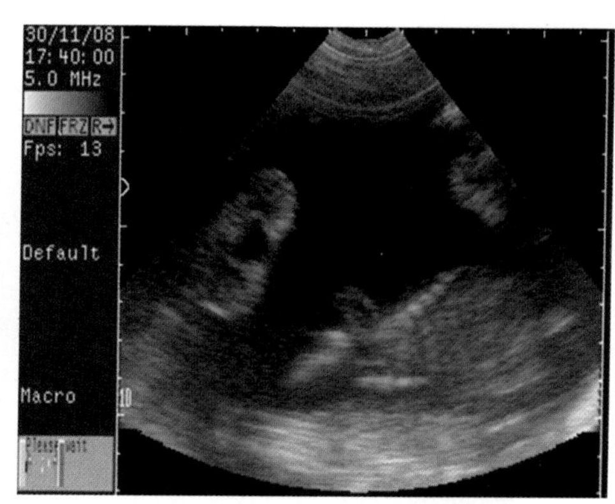

图 2-31 羊胎儿肋骨矢状面声像图

或双胎。只有全部动态扫查切面都观察后，以显示胎儿的切面图像来计算怀胎数量，动态识别图像才可以鉴别，2 个胎儿妊娠动态扫查实时截图如图 2-32A~H 所示，3 个胎儿妊娠动态扫描实时截图如图 2-32I~L 所示。

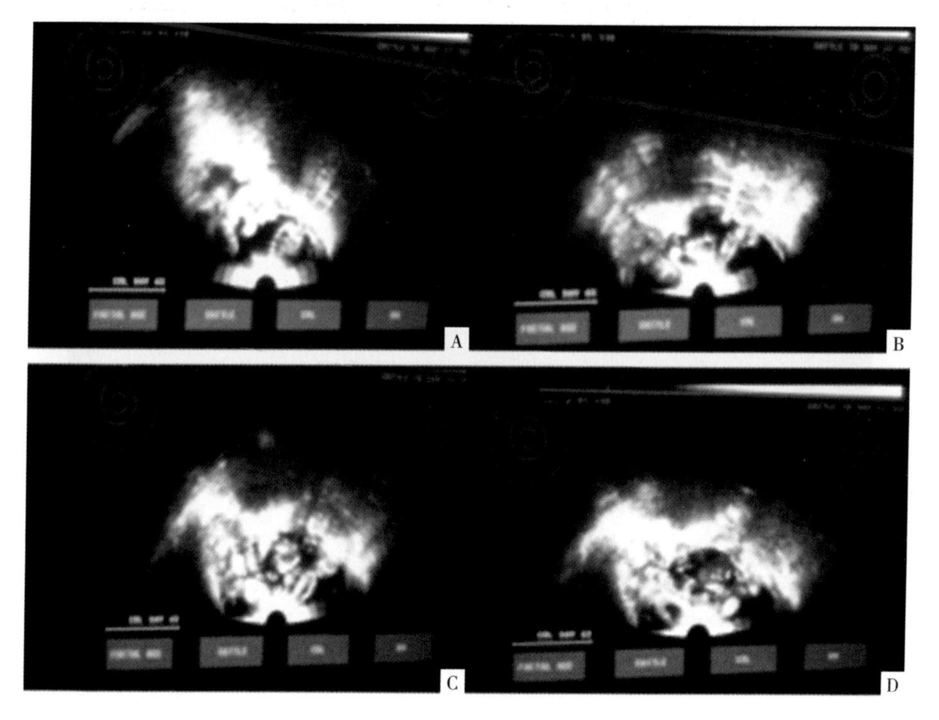

图 2-32 凸阵探头扇形扫描妊娠声像图

A~D. 2 个胎儿妊娠动态扫描实时截图

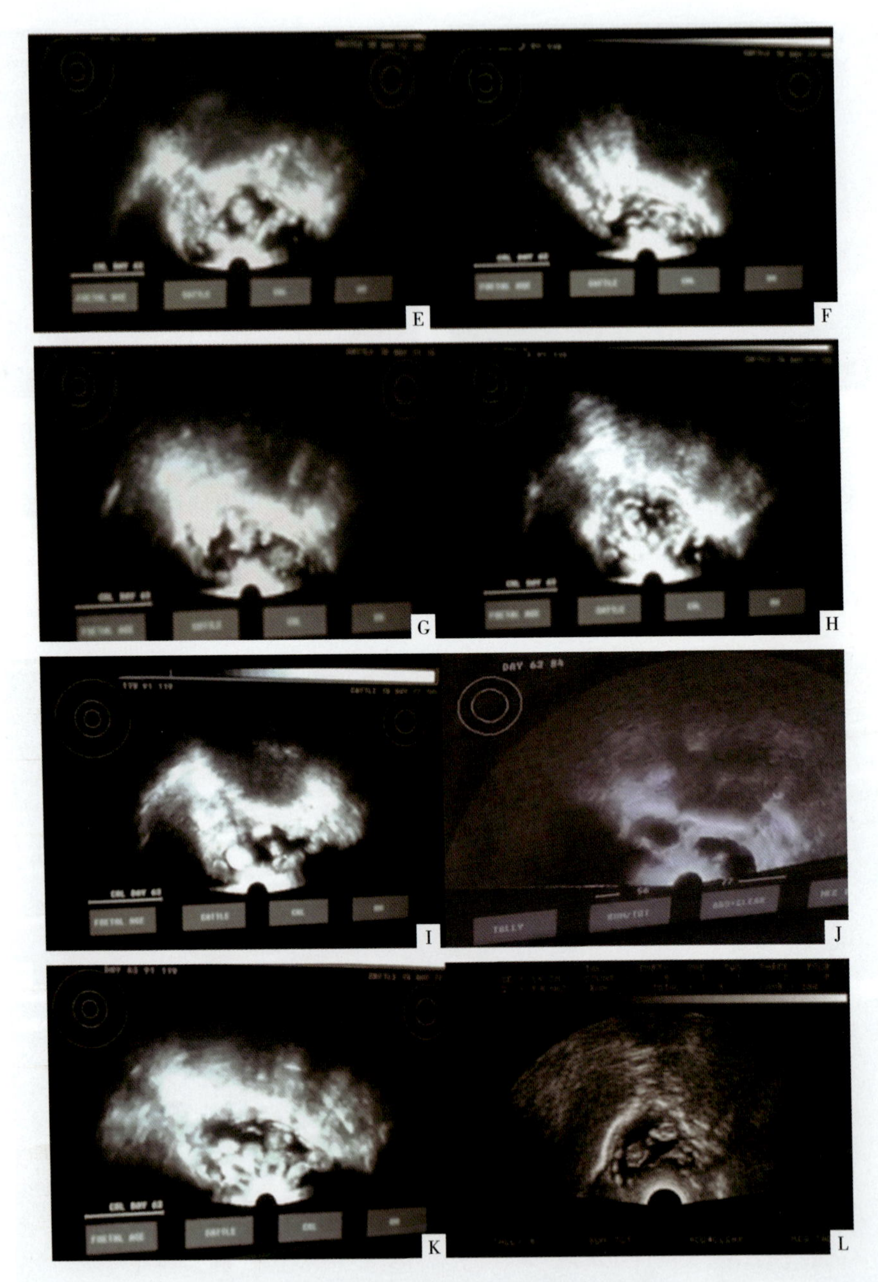

图 2-32　凸阵探头扇形扫描妊娠声像图（续）

E~H. 2 个胎儿妊娠动态扫描实时截图；I~L. 3 个胎儿妊娠动态扫描实时截图

第三章　母牛生殖器官和 B 超早期妊娠诊断

第一节　母牛生殖器官的解剖概述

一、母牛的生殖器官

母牛的生殖器官从外至内，分别是阴门、阴道、子宫颈外口、子宫颈、子宫颈内口、子宫体、子宫角、宫管结合部、输卵管、输卵管伞，从阴门进入阴道，前庭有尿道憩室，其内上方有尿道外口，子宫颈外口附近为阴道穹窿，子宫颈内有 3~4 个螺旋状环形皱襞（图 3–1），子宫颈内口紧接子宫体，两侧为子宫角和卵巢（图 3–2），子宫角内有子宫阜（图 3–3），经产母牛的子宫如图 3–4 所示，输卵管分为峡部、壶峡连接部、壶腹部，输卵管伞部中央有输卵管腹腔口，输卵管伞类似喇叭状，因此输卵管腹腔口又称喇叭口。

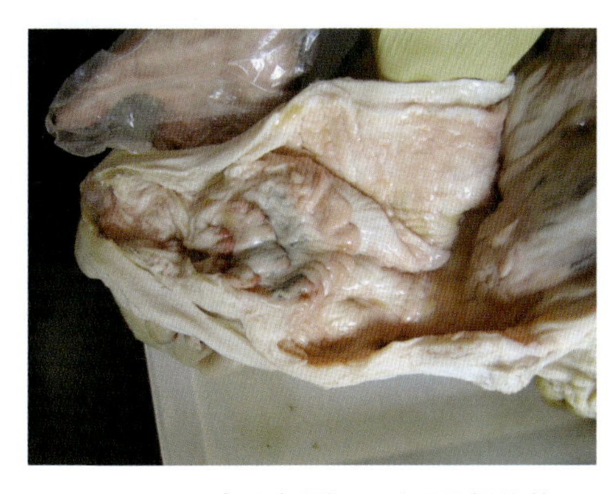

图 3–1　母牛子宫颈切开后可见螺旋状环形皱襞

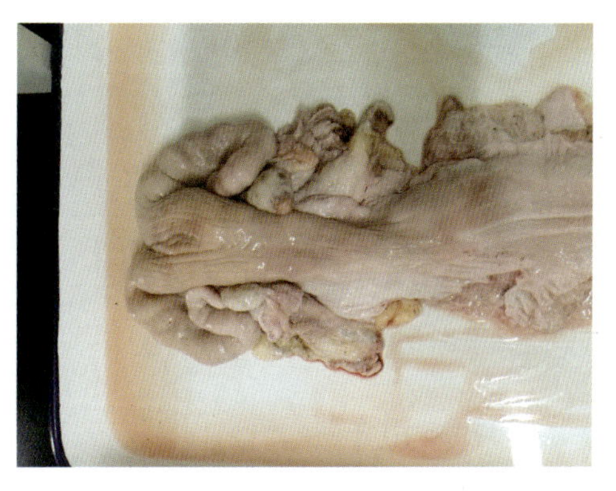

图 3–2　未孕母牛子宫和卵巢

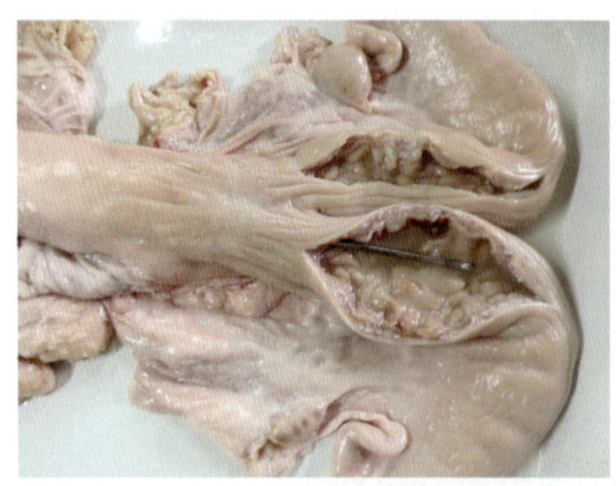

图 3-3　母牛子宫角切开后可见子宫阜

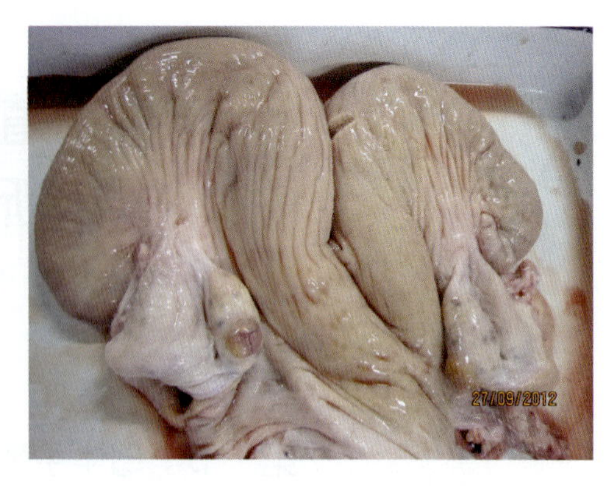

图 3-4　经产母牛的子宫角

二、母牛生殖器官在妊娠不同阶段的变化

1. 配种后 18~25 d

母牛配种后一个情期（18~25 d）仍未出现发情，可进行直肠检查。如果卵巢上没有正在发育的卵泡，在发情排卵侧形成了妊娠黄体（图 3–5），可初步诊断为妊娠。此时子宫角的变化不明显。有的母牛一侧卵巢上有 2 个黄体和卵泡（图 3–5）。母牛左侧卵巢上有 2 个黄体，右侧卵巢上仅有小的卵泡而没有黄体，如图 3–6 所示。

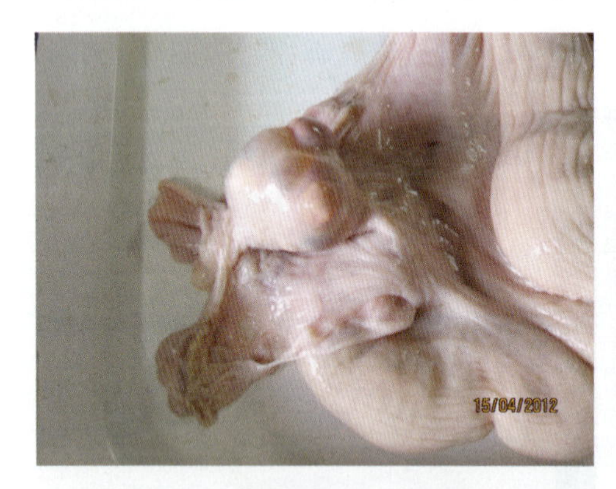

图 3–5　母牛卵巢上的黄体

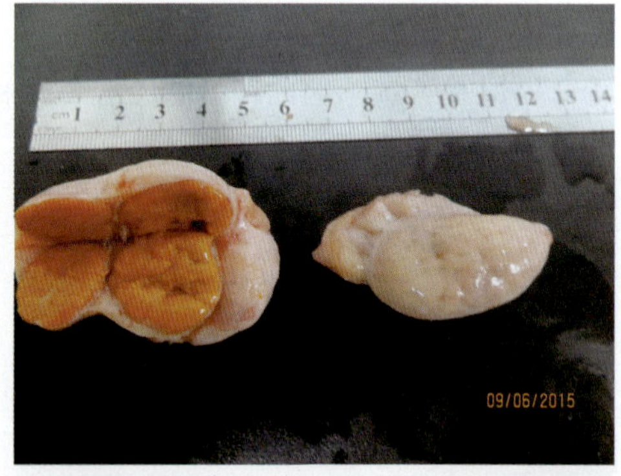

图 3–6　母牛的卵巢和 2 个黄体的剖面

2. 妊娠 30 d

两侧子宫角不对称，孕角比空角略粗大、松软，有波动感，收缩反应不敏感，空角较厚且有弹性。用手指从孕角基部向尖端轻轻滑动，偶尔可以感到胎泡从指间滑过。

3. 妊娠 50 d 后

妊娠 50 d 胎膜中胎水和胎儿如图 3–7 所示，妊娠 60 d，孕角比空角约粗 2 倍，有波动感，角间沟稍变平坦，但仍能分辨。妊娠 70 d 孕角侧更大（图 3–8），妊娠 3 个月左右（图 3–9），角间沟基本消失，触摸感觉一手掌宽左右（牛体大小而有差别），孕角侧内部有子叶、胎膜和胎儿（图 3–10），母牛妊娠 3 个月胎儿、胎膜和子叶如图 3–11 所示，母体与胎儿胎盘分离后，子宫阜与其上的腺窝如图 3–12 所示。

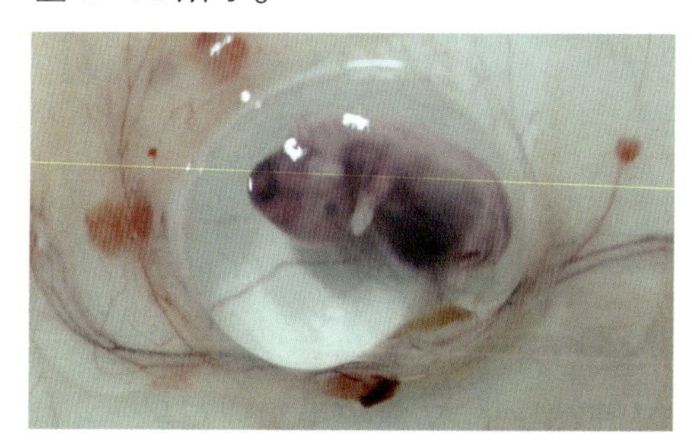

图 3–7　母牛妊娠 50 d 胎儿、胎膜及胎水

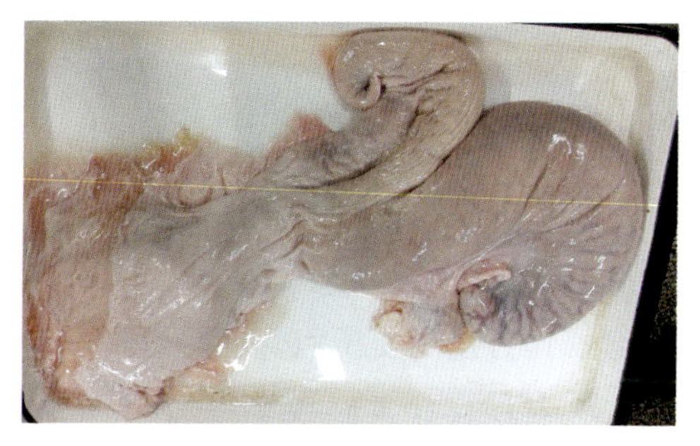

图 3–8　母牛妊娠 70 d 子宫

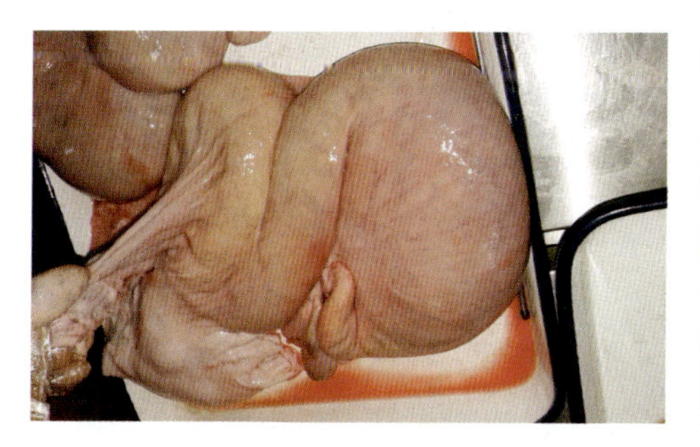

图 3–9　母牛妊娠 3 个月左右子宫

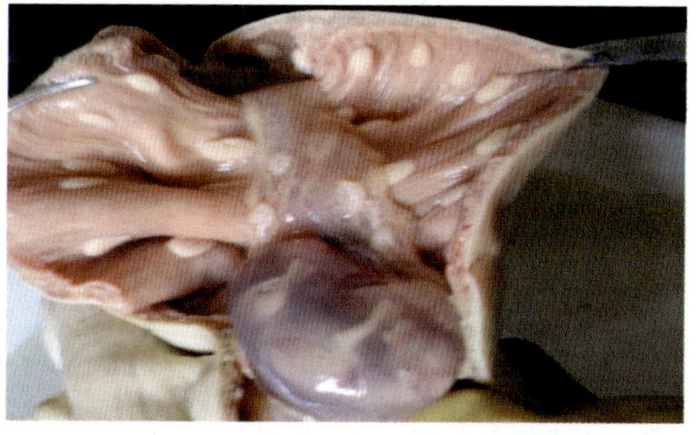

图 3–10　母牛妊娠子叶、胎膜和胎儿

图 3–11　母牛妊娠 3 个月胎儿、胎膜与子叶

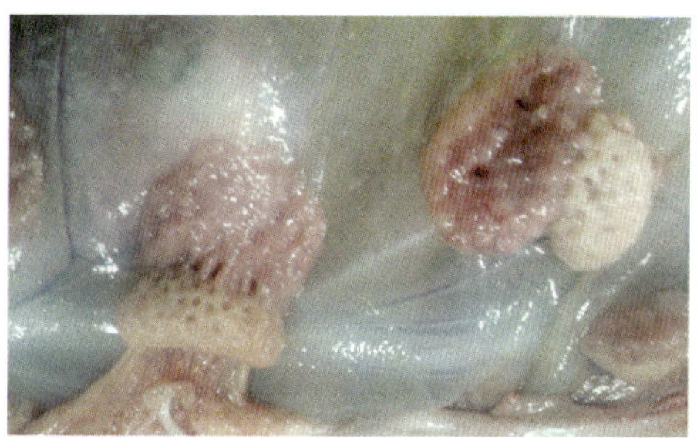

图 3–12　子宫阜与其上的腺窝

第二节　奶牛B超妊娠诊断操作程序

超声诊断技术为我们在活体状态下研究动物生殖和生理机能提供了一个便利的窗口。近几年奶牛B超早期妊娠诊断是奶牛场繁殖管理的重要内容之一，已经在规模化牛场得到了普遍的应用。今后不同类型的超声仪将会得到更加广泛的应用，助推超声影像技术的进步，为做好牛场的繁殖管理做出新的更大的贡献。以下主要介绍B超在牛早期妊娠诊断上的应用。

一、兽用B超仪的选择条件

主要是购买经直肠路径可检查的具有线阵或凸阵探头的超声仪，一般探头频率在3~7.5 MHz即可。目前，许多B超仪可直接通过USB接口转移图像，并配套操作方便的便携包。还可选择国产的很多符合直肠路径检查大动物的超声仪器，还有探杆式直肠探头。例如，HS-101V便携式超声仪配备线阵探头、充电电池和适配器等（图3-13），HS-1600V便携式超声仪配备线阵探头、充电电池和适配器等（图3-14）。

二、配套设备和耗材

配套设备：放置超声仪的专用箱子、U盘、计算机（安装奶牛场管理软件）、插线板。

耗材：一次性塑料长臂手套、一次性乳胶短手套、耦合剂、避孕套、液体石蜡、长胶靴、连体工作服、工作帽、小块方毛巾、塑料皮筋、保定绳子。

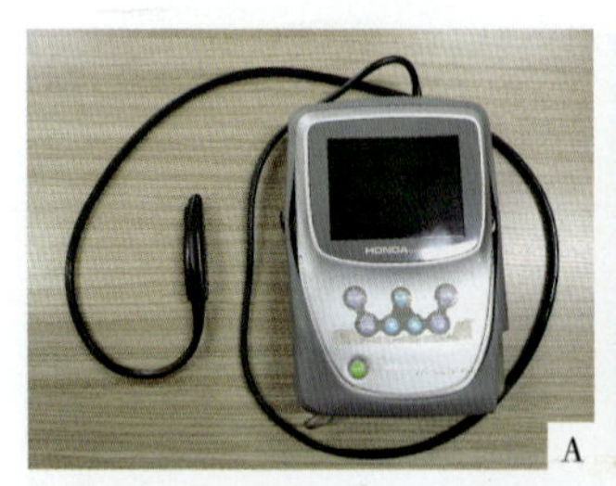
A

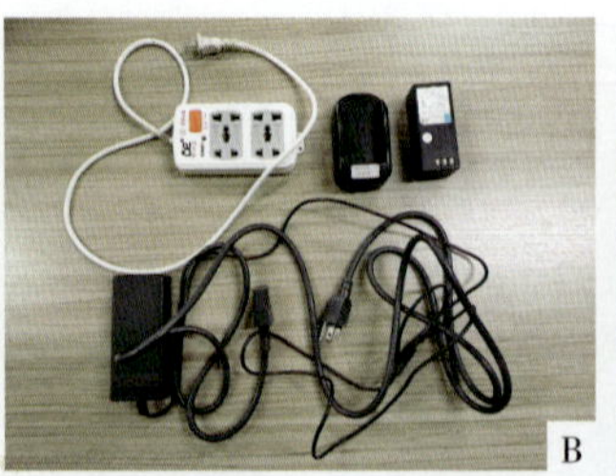
B

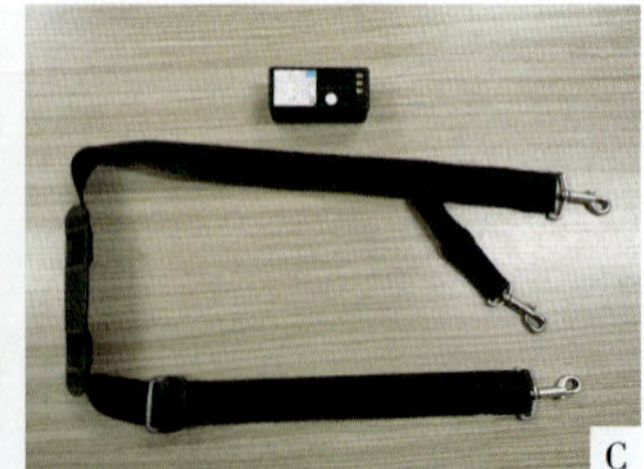
C

图3-13　HS-101V便携式超声仪

A. 主机和探头；B. 适配器和电池；C. 肩带和电池

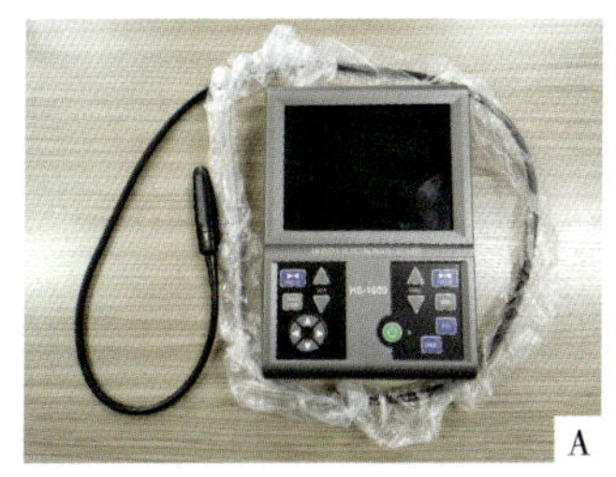

图 3-14　HS-1600V 便携式超声仪

A. 主机和探头；B. 适配器和电池；C. 肩带

三、奶牛 B 超早期妊娠诊断的操作方法

1. 保定

奶牛在牛舍内或运动场颈枷上保定进行检查（图 3-15），有时也可在卧床上保定后检查（图 3-16）。如果在挤奶厅有分群后保定装置也可做检查。另外，也可在保定通道内操作（图 3-17）；有些踢人或乱动的奶牛，为安全考虑，必要时可用绳子把后躯腿部围上固定在栏杆上或者 8 字形捆绑后腿保定，也可用止踢棒等保定方法认真保定后进行检查操作。

2. 检查时间

在配种 24 d 后可检测到胎儿并能够确诊妊娠。考虑到高产奶牛，由于早期胚胎死亡率高，建议高产规模化奶牛场在 30 d 做第 1 次检查，60 d 进行复查，3 个月直肠检查定胎，并且建立妊娠诊断管理制度。在配种 55~77 d 可检测到胎儿性别。

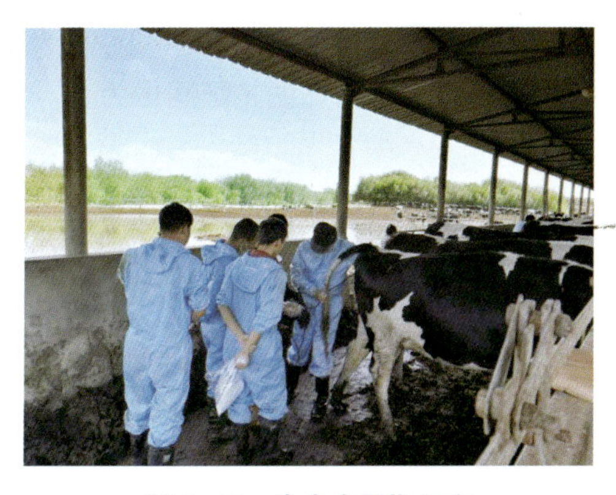

图 3-15　牛舍内颈枷保定

图 3-16　在卧床上保定

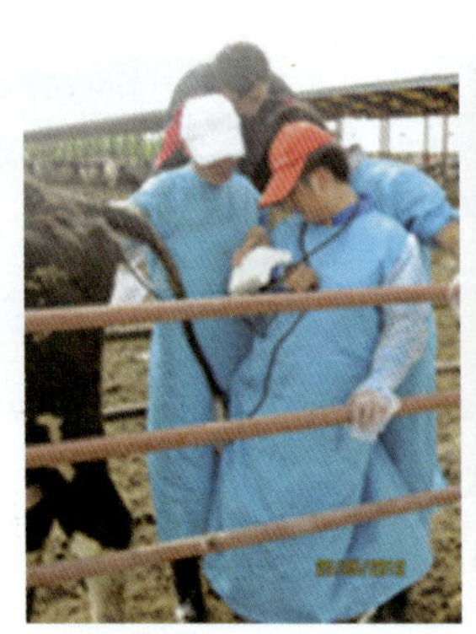

图 3-17　在保定通道内检查

3. 扫查部位

一般采用直肠路径进行妊娠检查，为便于操作优先选择凸阵探头（扇扫探头），但检查卵巢选择线阵探头更方便。经直肠路径用手插入直肠探头，隔着直肠壁对骨盆腔或腹腔内的子宫、卵巢等进行扫查。

4. 操作步骤

B超扫查前先排出直肠内宿粪（避免影响图像质量），遵循直肠检查的要求和注意事项，初步判断子宫和两侧卵巢的位置，探头上涂抹少量耦合剂（最好是在避孕套中放入少量耦合剂后，把探头放入避孕套内，在探头后用塑料皮筋适当扎住，这样可以保护探头，避免被粪便等磨损），然后送入直肠，密接直肠下壁，对子宫进行扫查。

（1）凸阵探头操作手法

定点扫查并在确定点上做360°旋转；不定点的前后移动或左右移动；探头定点后做纵向或者横向的摆动。对子宫进行扫查直至出现妊娠的特征图像为止。

（2）线阵探头的操作手法

做纵向的前后移动扫查；做斜向的移动扫查；必要时做横向的移动扫查。

（3）卵巢的扫查

至骨盆入口前后向下呈45°~90°进行扫查，用手指将卵巢略微固定，然后将探头轻靠在一侧卵巢上方，对卵巢进行扫描，观察实时图像，当显示出卵巢、卵泡或黄体切面图像后，按下冻结键或快速存储键直接保存。通过B超仪内置电子标尺对胎体、卵巢、卵泡或黄体等指标进行测量，并保存图像，之后将超声图像保存到计算机上备用。

注意：瘤胃充满时，部分子宫受挤压，可尝试抓住子宫颈把子宫拉回骨盆腔，然后放探头扫查，如果仍然不行，可隔一段时间检查。

5. 奶牛妊娠B超诊断标准

使用高分辨率的超声仪可以保证在妊娠25~30 d扫查更清晰。使用较低频率检查，由于较差的分辨率，导致诊断是否妊娠不准确。可以录视频的仪器可通过观看回放寻找图像进行判断。扇扫探头转动探头容易做出各个切面图像，尤其在30~60 d检查双胎更方便。采用B超检查时，将5 MHz或7.5 MHz探头伸入直肠内，根据探头频率高低不同，最早探测到胚囊的时间也不同。

配种后最早26 d探头密接直肠下壁，对子宫进行扫查，子宫未见扩张，可判断为未孕。妊娠22~23 d后可观察到胎心搏动（用5 MHz频率探头检查），妊娠25~30 d可清晰观察到心跳检查；子宫内有液体积聚时，一定要认真全面对子宫扫查，注意胚囊大小及胚胎，必要时复查。妊娠26 d子宫扩张区域出现胚囊，胚胎与子宫壁连接。妊娠28 d以后，在子宫内出现细的、弧形强回声的线状反射，此为羊膜；妊娠30 d子宫扩张出现明显液性暗区，并且暗区内有胎儿的不同切面图像，回声相对较强。妊娠大约35 d羊膜囊明显可见。妊娠30~40 d胎盘突可见，多数妊娠33 d以后在子宫壁上可观察到半圆形的突起，为胎盘突，平均首次出现胎盘突的时间是妊娠35 d。妊娠40 d左右超声诊断妊娠可以显示胚胎或分辨胎儿的结构，妊娠40 d后胎儿的大致轮廓可见头部、四肢、脐带等。妊娠42 d以后可观察到胎动。妊娠40~50 d，子宫扩张更大并且出现胎儿的不同切面图像。在妊娠55~75 d，子宫内的胎儿由于重力作用，处于倚靠、侧卧或仰卧的状态，可以根据生殖结节的走向变化，阴茎和阴囊显示情况进行性别诊断。妊娠70~90 d，调节扫查深度可以看到多个部分胎盘子叶和大量液性暗区。

注意：①子宫扩张出现的暗区与大血管要区别，大血管有搏动。如果膀胱存有尿液出现的暗区，探头轻微移动，可见暗区大、连成一片，但子宫出现暗区较小。必要时，间隔一段时间复查。②尽量仔细扫查到子宫切面出现胎体反射，出现胎儿的不规则强或中等回声出现，作为主要判断依据。③扩张子宫中出现羊膜强回声呈线状飘动、在子宫内子叶呈现椭圆形态，这些也是妊娠的重要依据。

四、奶牛早期妊娠典型声像图谱

奶牛各阶段妊娠图像：图 3–18，显示子宫纵切面，子宫部分成弯曲状，与其附近组织分界明显，子宫未扩张呈现闭合状态。

图 3–19，显示两侧子宫的横切面，子宫呈现扩张状态，一侧子宫内呈现液性暗区，另外一侧在子宫内呈现液性暗区和胚胎。

图 3–20，两侧子宫的斜切面上显示子宫呈现扩张状态，子宫内有液性暗区。

图 3–21，子宫的两侧切面显示扩张状态，一侧子宫角内有液性暗区，另外一侧子宫角内有液性暗区和胚胎，胚胎显示不均匀的较强回声。

图 3–22，子宫的切面上显示扩张子宫，内为液性暗区和胚胎。

图 3–23，子宫的切面上显示扩张子宫，内为液性暗区和胚胎。

图 3–24，子宫的斜切面上显示两个扩张子宫，一侧子宫内显示液性暗区，另外一侧子宫内显示液性暗区和胚胎。

图 3–25，子宫的切面上显示扩张子宫，内为液性暗区和胚胎，羊膜成环形线状强回声图像，胎膜内显示胎儿矢状切面图像。

图 3–26，子宫横切面上显示扩张子宫，内为液性暗区和胚胎。

图 3–27，子宫切面上显示扩张子宫，内为液性暗区和胚儿。胎儿在子宫内呈现倚靠状态。

图 3–28，子宫斜切面上显示扩张子宫、子宫内胎儿胸腹部切面，羊膜成环形线状强回声图像。

图 3–29，子宫切面图像显示扩张子宫、胎儿由于重力作用，因此呈肢蹄朝上，背腰朝下的仰卧状态，在胎儿后躯横切面上，显示 2 条后腿，生殖结节为强回声光斑，性别为雄性。

图 3–30，扩张子宫、胎儿由于重力作用，胎儿侧卧在子宫内，羊膜成环形线状强回声图像，其内为胎儿，显示后躯的横切面上有 2 条后腿。

图 3–31，子宫切面上显示扩张子宫、内为液性暗区，子宫内显示多个椭圆形子叶，子叶与子宫内膜连接。

图 3–32 和图 3–33，子宫切面上显示扩张子宫、子宫内胎水为液性暗区，子宫内显示椭圆形子叶，子叶与子宫内膜连接。

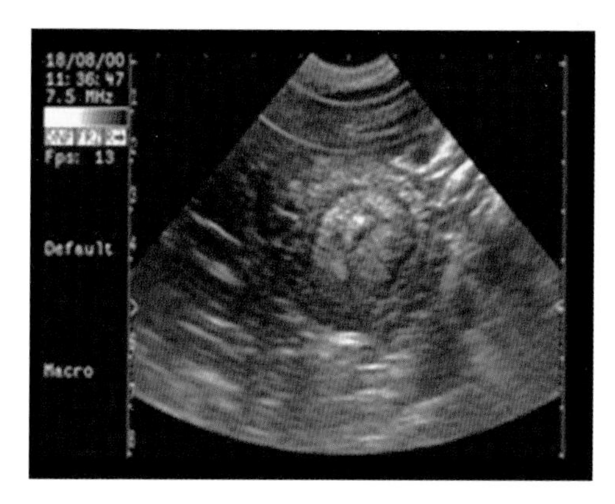

图 3–18　未孕子宫角声像图

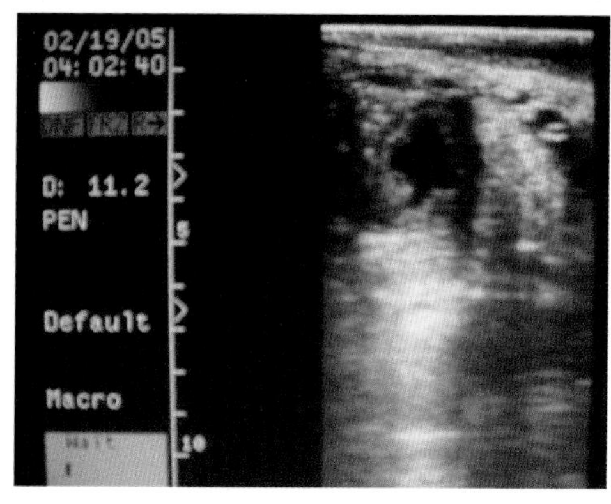

图 3–19　妊娠 26 d 子宫角扩张声像图

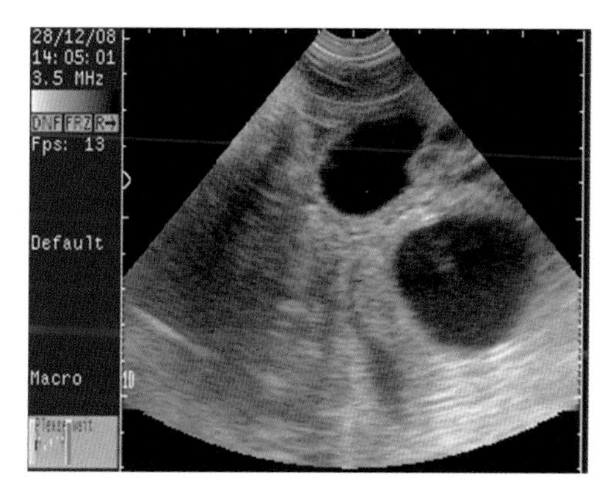

图 3–20　扩张子宫角液性暗区声像图

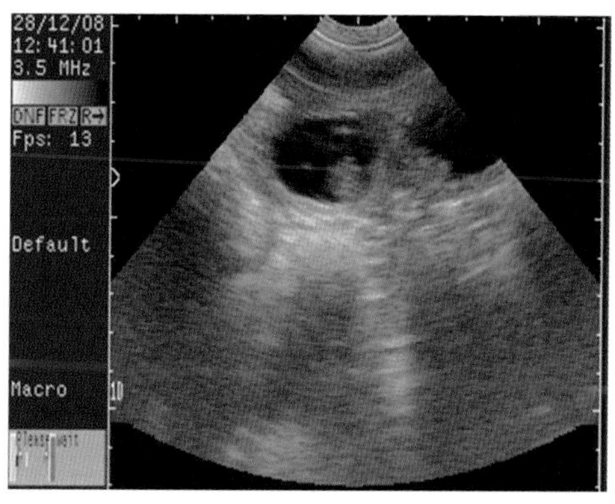

图 3–21　扩张子宫角声像图
（液性暗区中有胎体反射的不均匀回声）

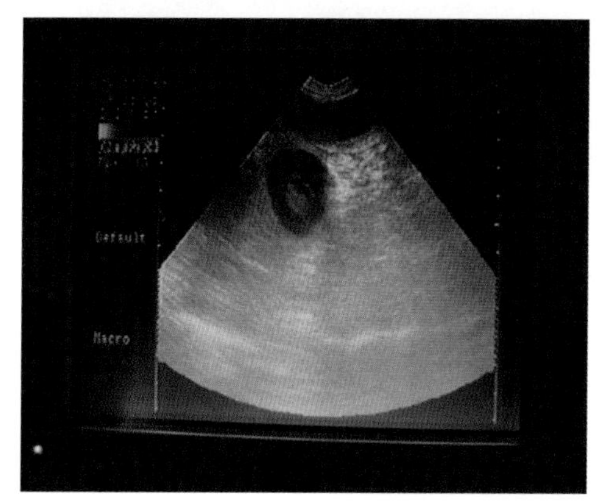

图 3–22　妊娠 30 d 声像图

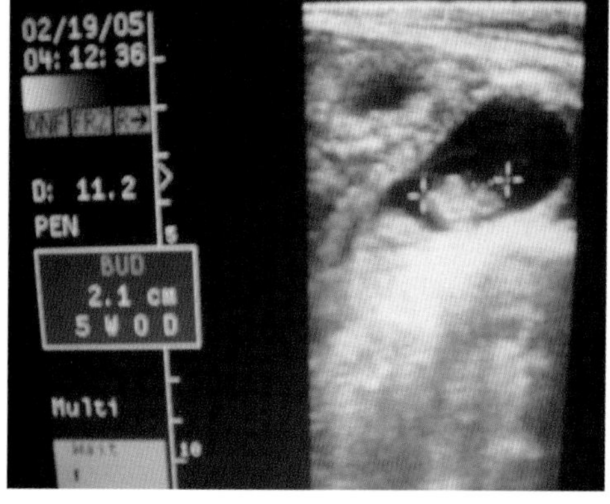

图 3–23　妊娠 35 d 声像图

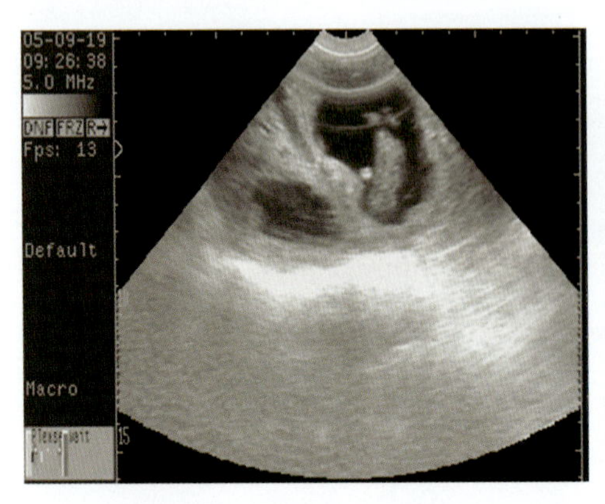

图 3–24　妊娠 43 d 声像图

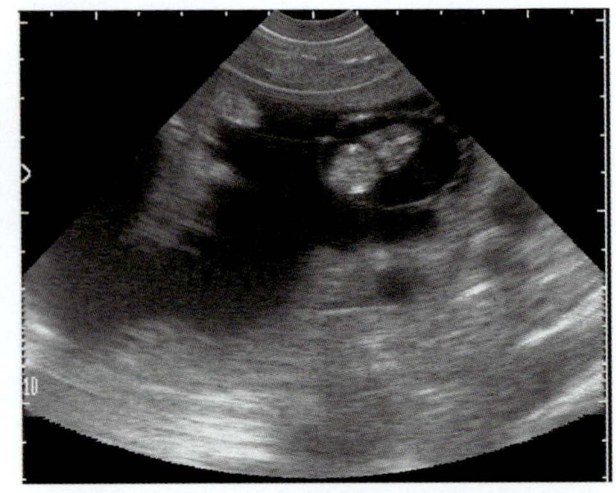

图 3–25　妊娠 45 d 声像图（羊膜成环形线强回声，其内为胎儿矢状切面图像）

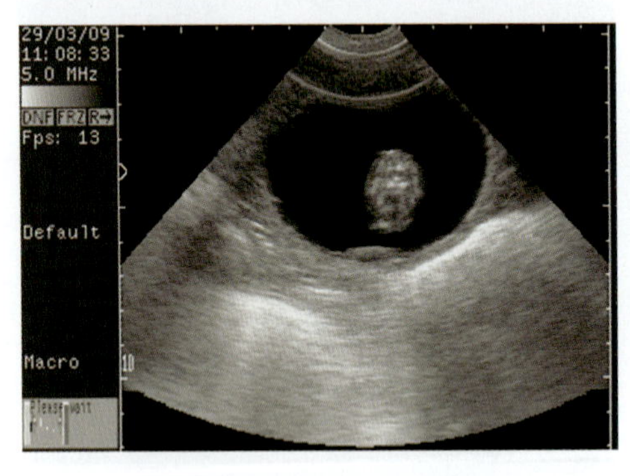

图 3–26　妊娠 50 d 声像图

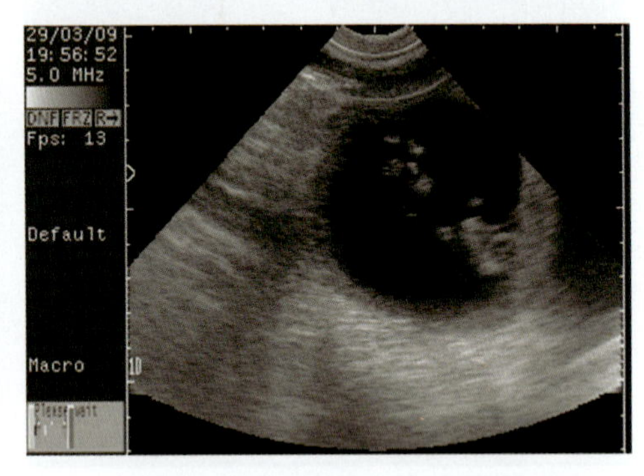

图 3–27　妊娠 57 d 声像图（胎儿倚靠状态）

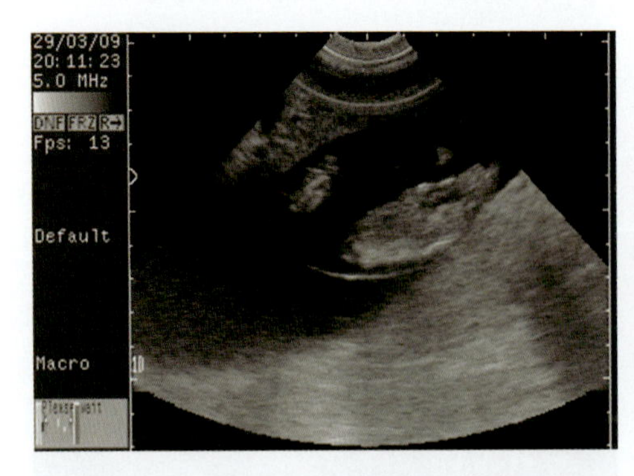

图 3–28　妊娠 64 d 声像图（斜切面）

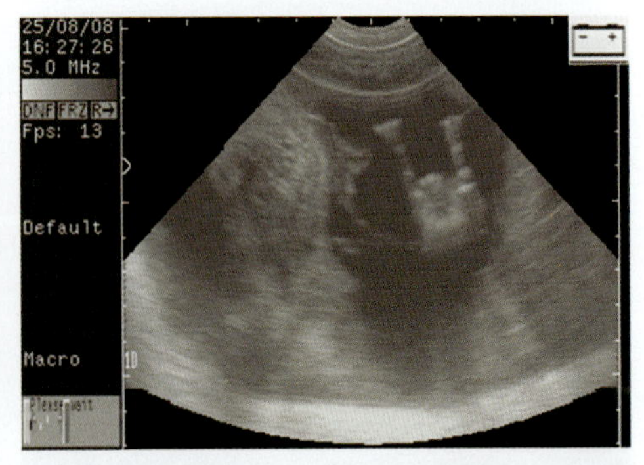

图 3–29　妊娠 65 d 声像图（后躯横切面，显示 2 条后腿，生殖结节为强回声光斑，性别为雄性）

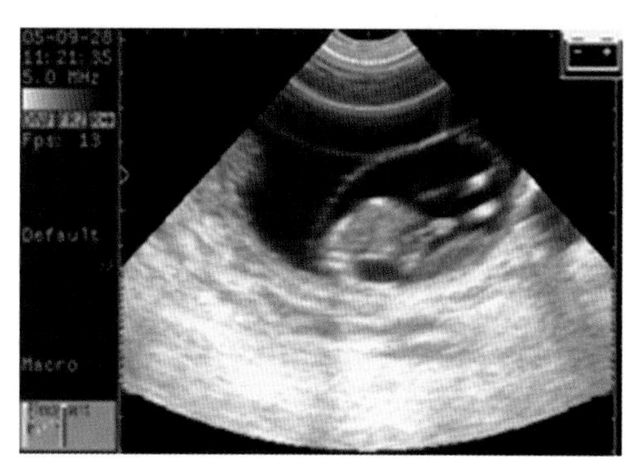

图 3-30　妊娠 66 d 声像图（羊膜线状强回声，后躯的横切面显示有 2 条后腿）

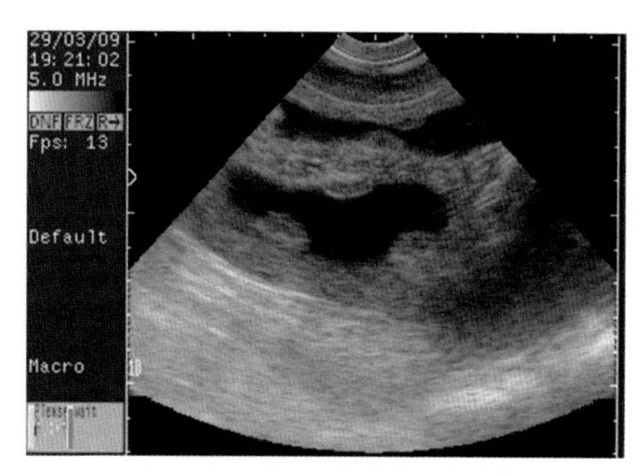

图 3-31　妊娠 74 d 声像图（多个椭圆形子叶）

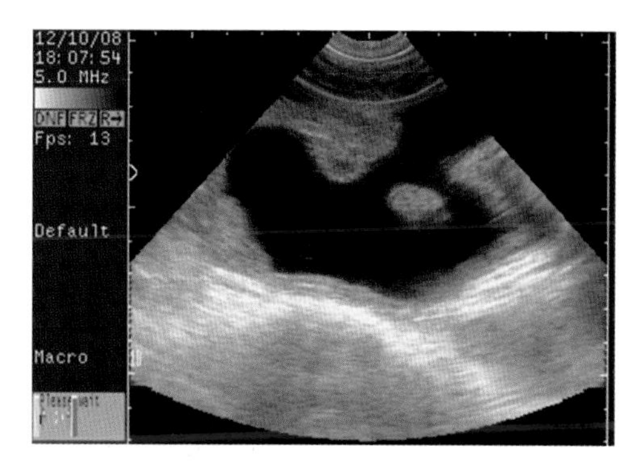

图 3-32　妊娠 79 d 声像图（子叶和胎水）

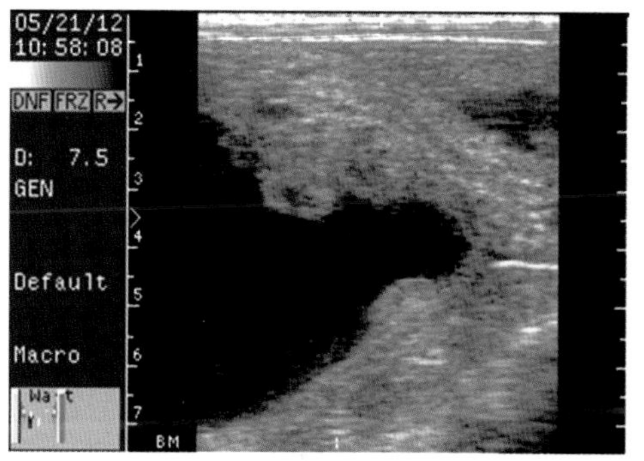

图 3-33　妊娠 83 d 声像图（子叶和胎水）

五、奶牛场 B 超妊娠诊断的记录示例

在规模化奶牛场，可以根据规模的不同，在查阅奶牛场管理软件或配种记录的基础上，对于已经配种的母牛在配种后一定时间做 B 超早期妊娠诊断，并且做好相应记录（表 3-1）和检查后做好标记，及时合理分群，做好发情管理、兽医管理的配合工作。

表 3-1　奶牛场 B 超检查妊娠记录表

牛号	组别	产犊日期	配种日期	B 超检查日	检查结果	空怀原因	治疗记录	检查人员	备注

第三节　规模化安格斯肉牛场B超妊娠诊断操作程序

随着肉牛产业的发展，规模化安格斯肉牛场B超妊娠诊断是牛场繁殖管理的重要手段及工具。在半放牧半舍饲条件下，推广应用同期化排卵定时输精技术，也需要应用超声诊断进行早期妊娠检查，从而提高繁殖效率。这些使推广B超妊娠诊断技术成为可能。

一、兽用B超仪的选择条件

选择便携式兽用B超仪，配备防水线阵探头（3.5~7.5 MHz）、充电电池、充电器。

二、配套设备和耗材

配套设备：放置超声仪设备的专用箱子、U盘、计算机（安装肉牛场管理软件）、插线板。

耗材：保定绳子、一次性塑料长臂手套、一次性乳胶短手套、耦合剂、避孕套、液体石蜡、不同颜色蜡笔、长胶靴、一次性防护服或连体工作服、工作帽、小块方毛巾、塑料皮筋、记录表格等。

三、安格斯肉牛B超早期妊娠诊断的操作方法

1. 保定

在颈枷上群体保定，牛体型比较均匀并且牛挨着牛时，可以直接检查或者用较长绳子围住最靠近两侧牛挤在一起进行检查。在颈枷上保定牛少时要把牛后腿围住，必要时可用绳子把后腿部围上固定在栏杆上进行保定（图3–34）；也可以在牛舍内使用自制移动式保定架，将其前面绑在颈枷上进行检查（图3–35）；在牛舍内外没有颈枷的可以安装通道，在通道内检查。大型牛场，如果设计了周转中心，在批次化做同期处理牛后一定时间，在称重、分群和保定装置（图3–36）内进行检查。

2. 检查时间

在配种28 d后开始孕检，一般规模化肉牛场存栏数较多时，每月定期集中检查一次，一般是配种后30~40 d进行检查。存栏数较少的肉牛场，可在配

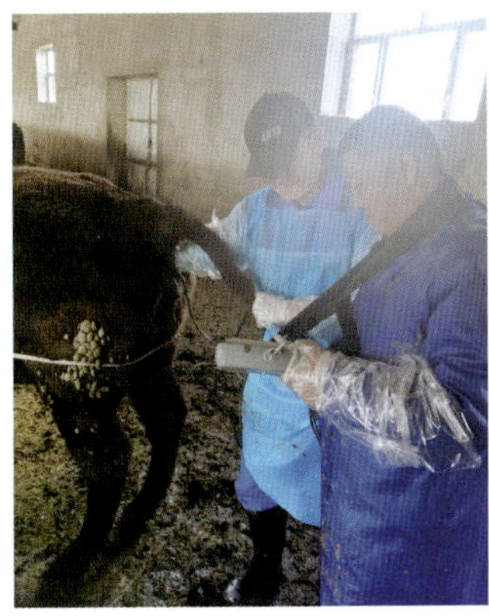

图 3-34 在颈枷上保定检查（用绳子围住后腿）

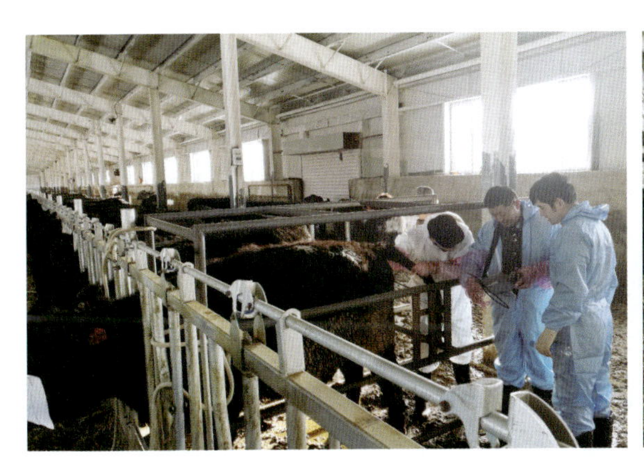

图 3-35 在颈枷上使用移动式保定架上检查

图 3-36 称重、分群和保定装置

种后30 d检查。配种后60 d进行复查，3个月直肠检查定胎。大规模肉牛繁殖场具备牛场管理软件的，可筛查后进行妊娠检查；小规模肉牛场可用Excel进行数据管理，及时筛查牛号进行妊娠检查，需要建立妊娠诊断时间流程管理制度。

3. 扫查部位

与奶牛类似。

4. 操作步骤

①B超扫查前先排出直肠内宿粪（避免影响图像质量），遵循直肠检查的要求和注意事项，带上塑料长臂手套，涂抹液体石蜡润滑，初步判断子宫和两侧卵巢的位置。

②探头上涂抹耦合剂少量（最好是在避孕套中放入少量耦合剂后，把探头放入避孕套内，在探头后用塑料皮筋适当扎住，这样可以保护探头，避免被粪便等磨损），然后送入直肠，紧贴直肠壁，隔着直肠壁放在子宫上面扫查。

③线阵探头的操作手法：探头定点后做纵向或者横向的摆动。做纵向的前后移动扫查，做斜向的移动扫查，必要时做横向的移动扫查。对子宫进行扫查，直至出现胎儿及妊娠的特征图像为止，必要时保存典型图像。

④当膀胱和瘤胃充满时，部分子宫受挤压，可尝试用手抓住子宫颈把子宫拉回骨盆腔，然后放探头扫查，如果仍然不行，可间隔一段时间再检查。

⑤做卵巢的扫查：至骨盆入口前后向下呈45°~90° 进行扫查，用手指将卵巢略微固定，然后将探头轻靠在一侧卵巢上方，对卵巢进行扫描，当显示出卵巢、卵泡或黄体等切面图像，观察实时切面图像，必要时保存典型图像。

⑥及时填写B超孕检记录表格，包括母牛号、配种时间、检查结果、存图时间、备注等信息。

5. 安格斯肉牛妊娠B超诊断标准

主要判定依据：子宫扩张、出现液性暗区，子宫内出现不同胚胎或胎儿的切面图像。妊娠28 d以后，在子宫内出现细的、弧形光条反射，此为羊膜的强回声图像；妊娠33 d以后，在子宫壁上可观察到半圆形的突起，为胎盘突；妊娠42 d以后，可观察到胎动。

四、安格斯肉牛早期妊娠典型声像图谱

安格斯肉牛妊娠30~72 d声像图如图3-37所示。

其中，图片1、2为妊娠30 d。图片1中子宫纵切面显示子宫扩张、子宫内胎水为液性暗区和胎儿的切面图像；图片2中是两侧子宫角的切面，该扫查切面上没有扫查到胎儿，但是出现了两侧子宫角扩张，子宫内有液性暗区。

图片3为妊娠36 d，图片4为妊娠37 d。图片3和4中显示子宫扩张、子宫内胎水为液性暗区和胎儿的切面图像。

图片5~7为妊娠38 d，这三张图均有子宫扩张和液性暗区。图片5显示子叶呈现椭圆形，与子宫内膜紧密连接；图片6显示羊膜环形线状强回声，其内为胎儿的切面图像；图片7子宫内有胎儿的切面图像。

图片8、9为妊娠39 d，均有子宫扩张和液性暗区。图片8子宫内为胎儿切面图像；图片9显示羊膜环形线状强回声，其内为胎儿的切面图像。

图片10~20为妊娠40 d。图片10和12显示两侧子宫角均有子宫扩张和液性暗区，一侧子宫内为胎儿切面图像；图片11和14显示两侧子宫角均有子宫扩张和液性暗区，但是在此切面上没有扫查到胎儿；图片13、15、16~18、20，子宫角一侧内均有胎儿切面图像；图片16和19显示羊膜环形线状强回声，其内为胎儿的切面图像。

图片21、22为妊娠41 d，图片23~27为妊娠42 d。图片21~24中，均有子宫扩张和液性暗区，一侧子宫角内为胎儿切面图像；图片25和26中均有子宫扩张和液性暗区，一侧子宫角内显示羊膜环形线状强回声，其内为胎儿切面图像；图片27中一侧子宫角内显示胎儿切面图像。

图片28为妊娠43 d，与图片27类似。

图片29为妊娠44 d，子宫继续扩张，有子宫扩张和液性暗区，一侧子宫角内显示羊膜环形线状强回声，其内为胎儿切面图像。

图片30~39为妊娠45 d。图片30中有子宫扩张和液性暗区，一侧子宫角内显示羊膜环形线状强回声，羊膜囊内羊水为液性暗区；图片31与29类似；图片32~36，子宫继续扩张，有子宫扩张和液性暗区，一侧子宫角内显示胎儿切面图像；图片37和38显示一侧子宫角内显示羊膜环形线状强回声，羊膜囊内羊水为液性

暗区；图片 39 有子宫扩张和液性暗区，一侧子宫角内显示胎儿切面图像。

图片 40~56 为妊娠 46 d，显示子宫扩张和胎水暗区，以及胎儿不同切面图像。图片 44 显示双侧子宫角各有 1 个胎儿；图片 51~57 显示羊膜囊内为胎儿，羊膜成环形线状强回声图像；图片 58、60~63、65、68、69、71 显示的共同点是子宫扩张、子宫内有胎儿。

图片 57~59 为妊娠 47 d。图片 57 中子宫继续扩张，有子宫扩张和液性暗区，一侧子宫角内显示羊膜环形线状强回声，其内为胎儿切面图像；图片 58，显示一侧子宫角有扩张和液性暗区，子宫内有胎儿的切面图像；图片 59，显示两侧子宫角切面图像上有环形线状羊膜。

图片 60~67 为妊娠 48 d。图片 60~62，显示两侧子宫扩张，一侧子宫孕角内有胎儿的切面图像，这些图片上子宫内其余区域为胎水回声显示的液性暗区；图片 63，显示上面为一侧子宫孕角内有胎儿的切面图像，其余区域为胎水回声显示的液性暗区，孕角下面是膀胱内的尿液回声显示的液性暗区；图片 64，显示羊膜环状的强回声弧形线，其余区域为液性暗区；图片 65，显示子叶、子宫孕角内有胎儿的切面图像，胎儿在子宫内的胎水回声显示的液性暗区内；图片 66、67，显示子宫孕角羊膜环状的强回声弧形线，羊膜囊内为胎儿的切面图像，其余胎水为无回声的液性暗区。

图片 68~72 为妊娠 51 d，均有子宫扩张和液性暗区。图片 68~70，一侧子宫角内显示胎儿切面图像。图片 71、72，均有子宫扩张和液性暗区，一侧子宫角内显示羊膜环形线状强回声，其内为胎儿切面图像。

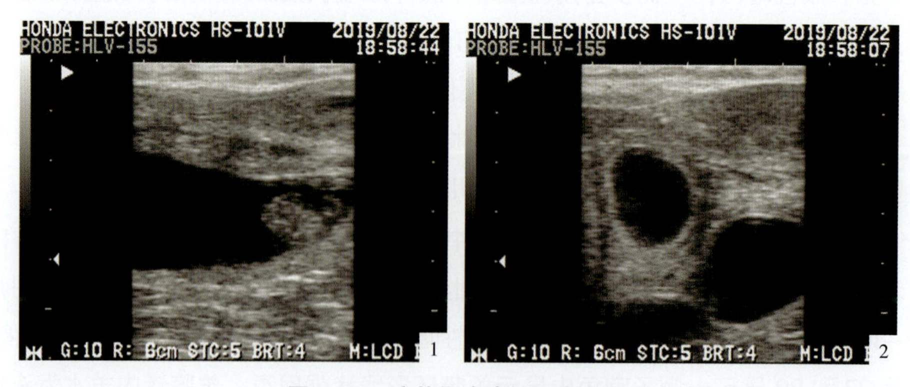

图 3-37　安格斯肉牛妊娠声像图

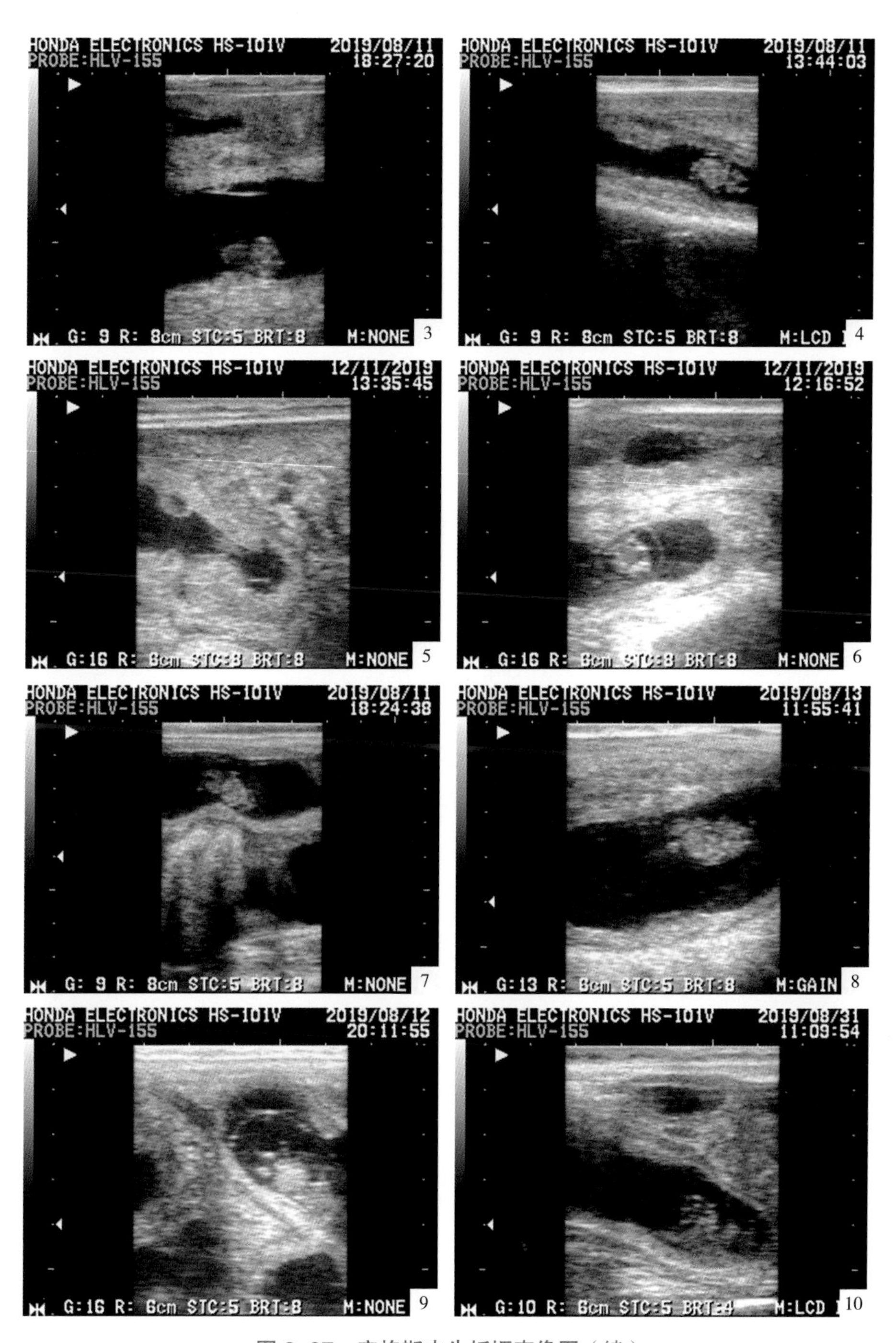

图 3–37 安格斯肉牛妊娠声像图（续）

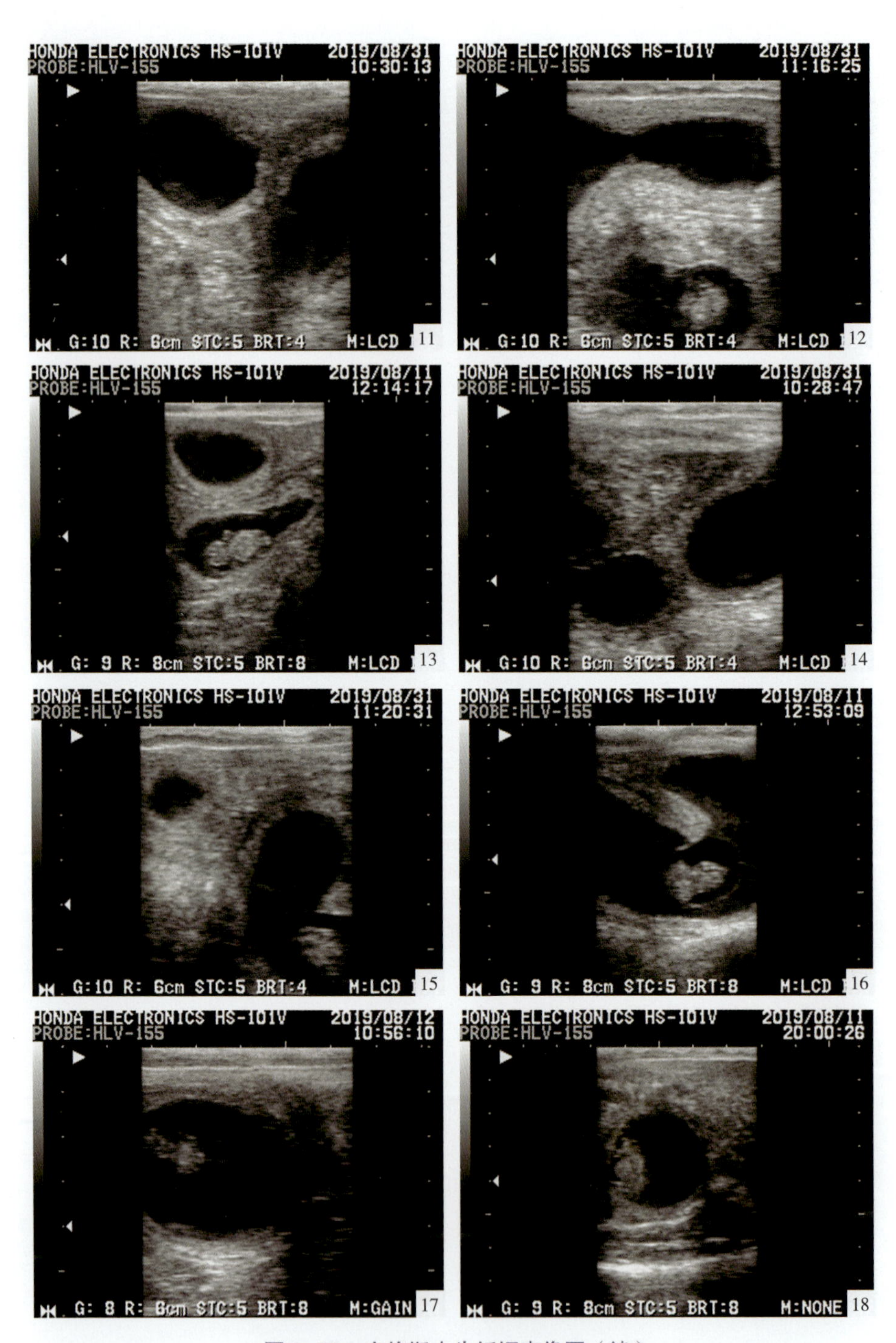

图 3-37　安格斯肉牛妊娠声像图（续）

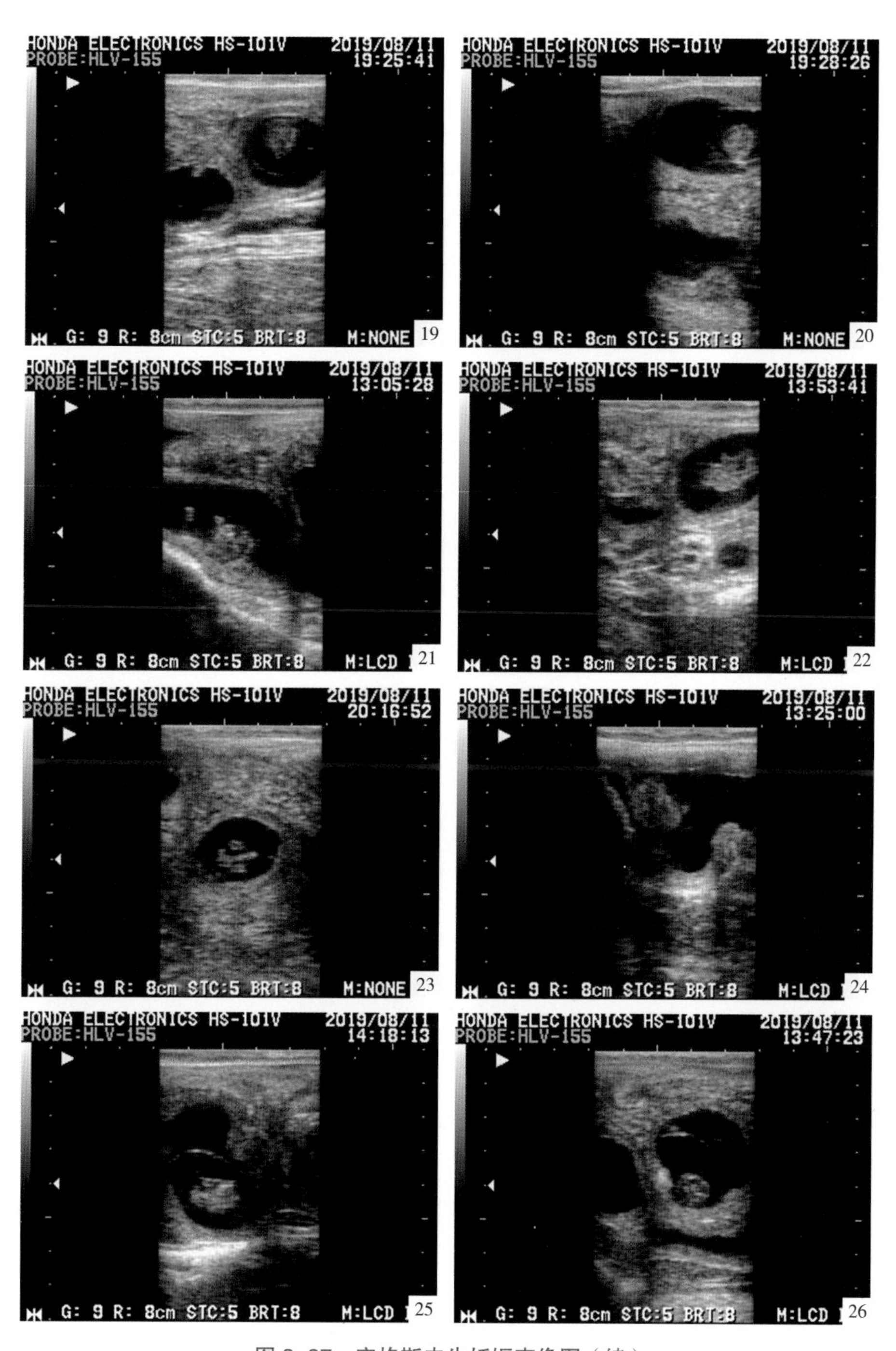

图 3–37　安格斯肉牛妊娠声像图（续）

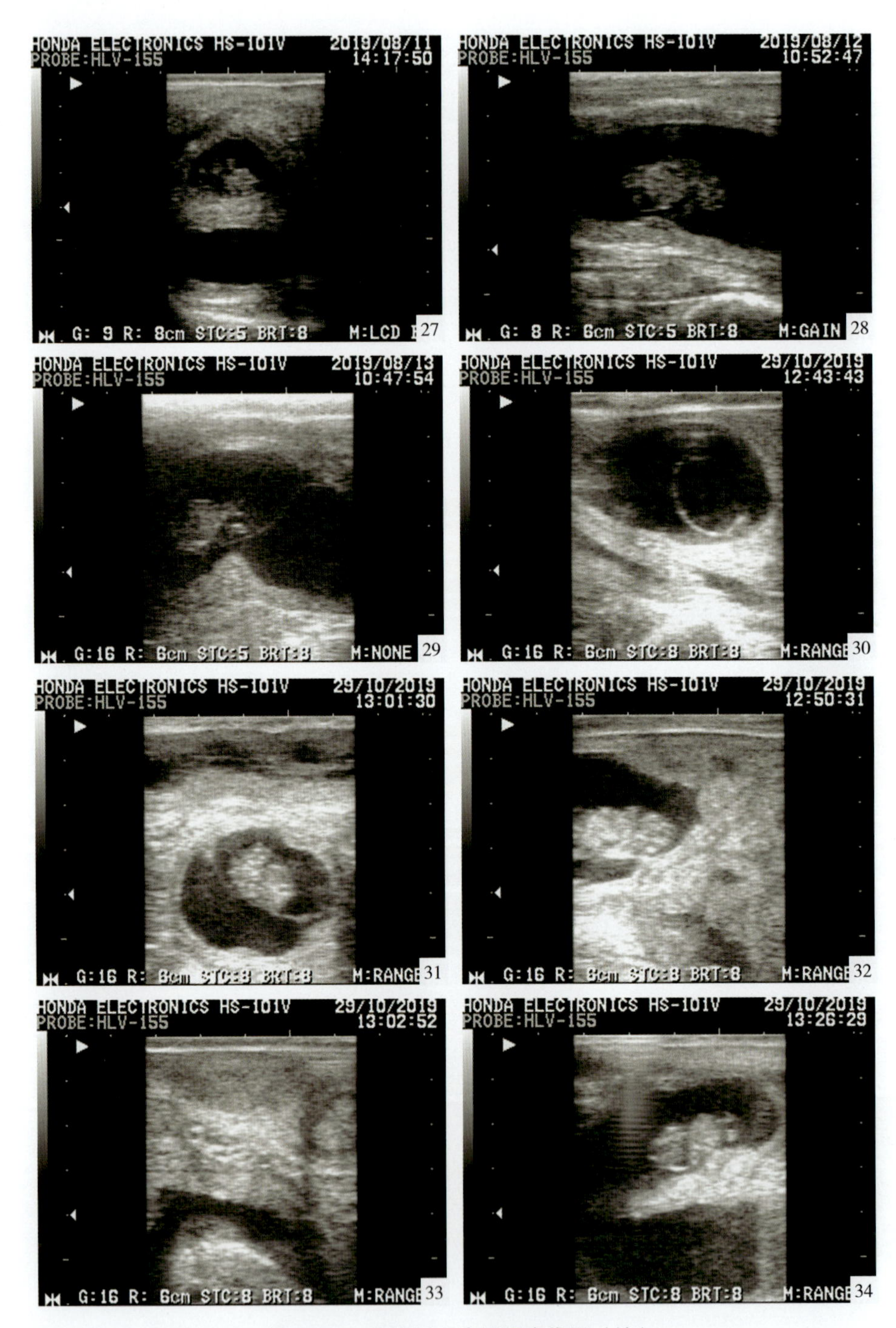

图 3-37　安格斯肉牛妊娠声像图（续）

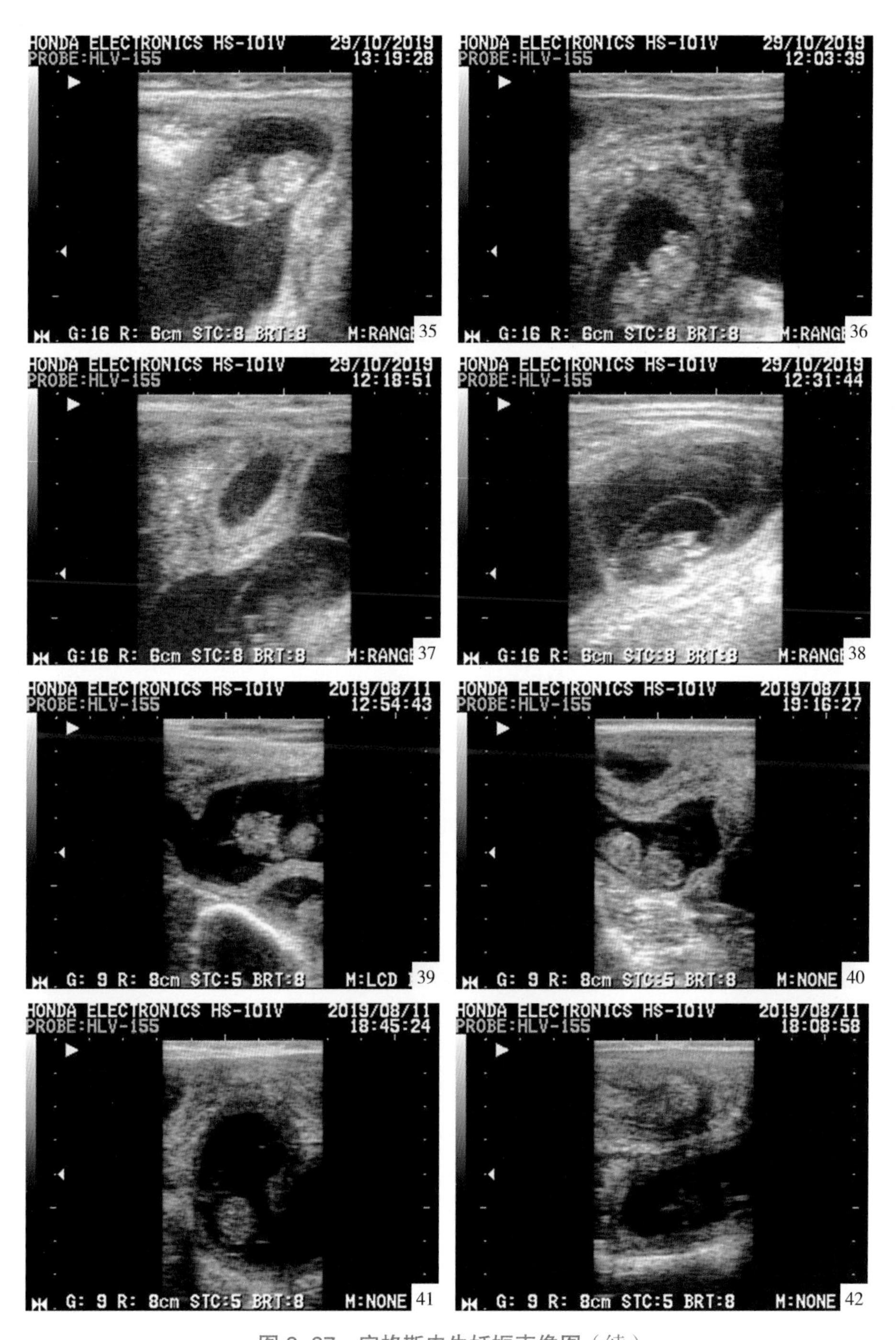

图 3-37　安格斯肉牛妊娠声像图（续）

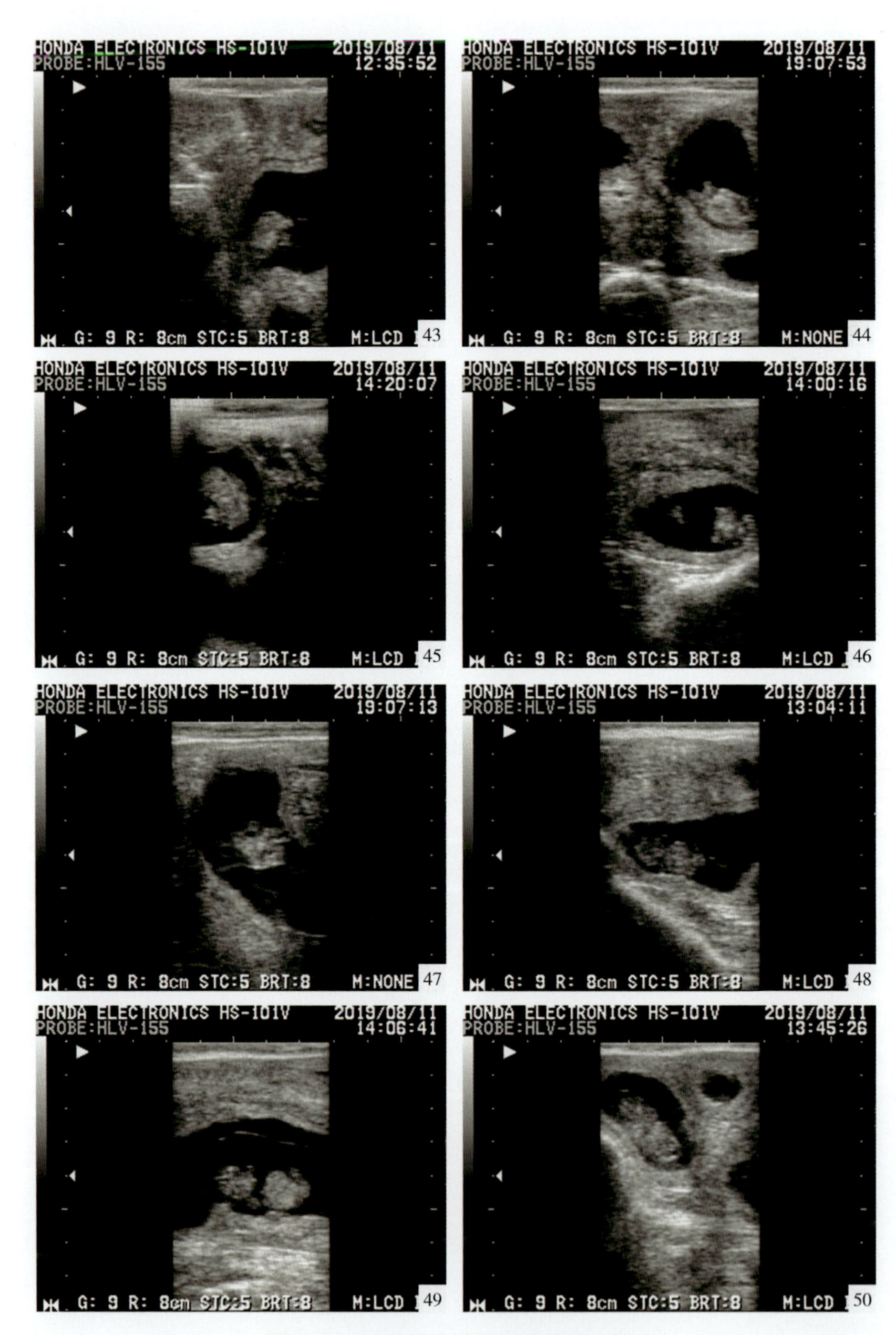

图 3-37　安格斯肉牛妊娠声像图（续）

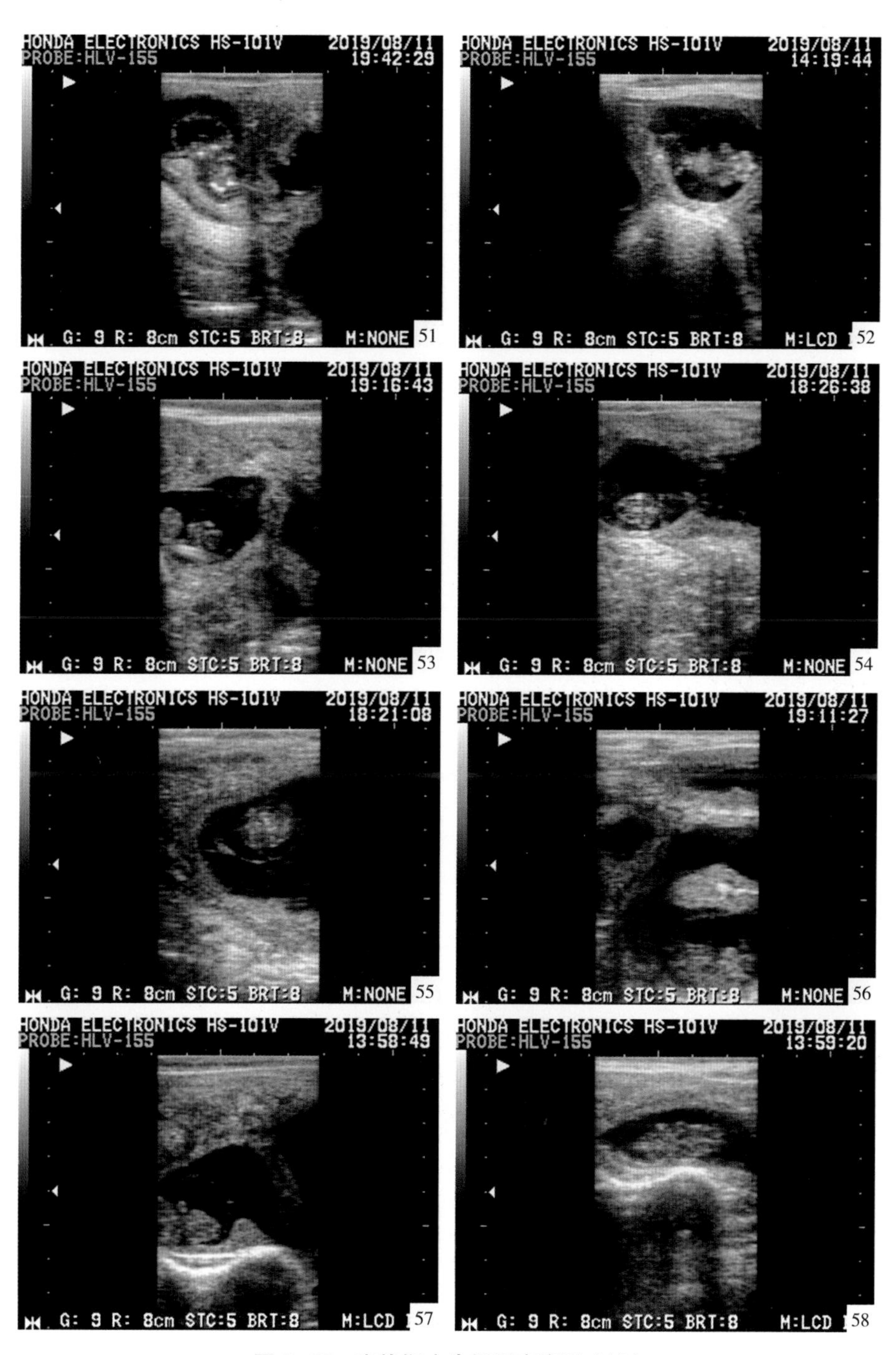

图 3–37　安格斯肉牛妊娠声像图（续）

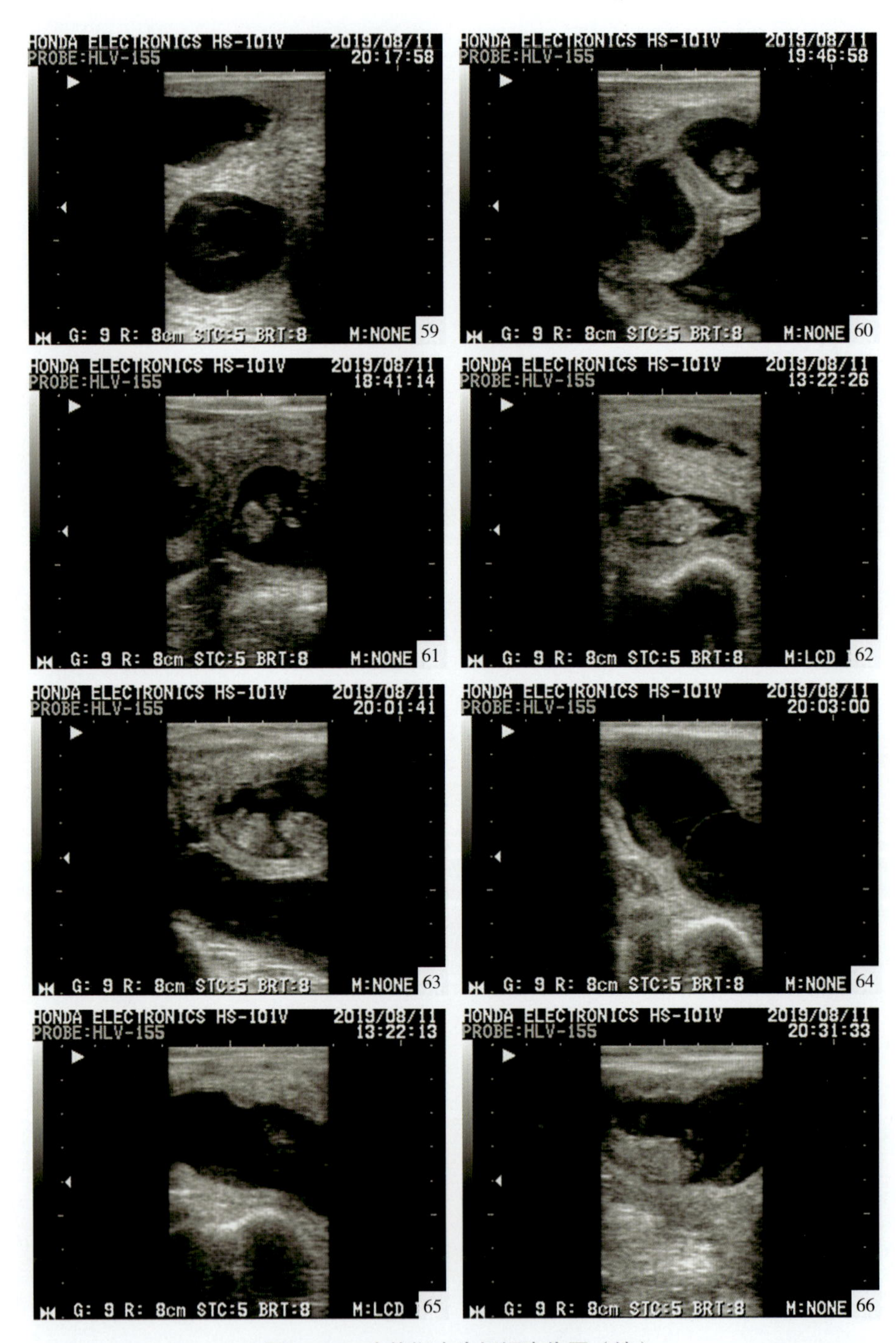

图 3-37 安格斯肉牛妊娠声像图（续）

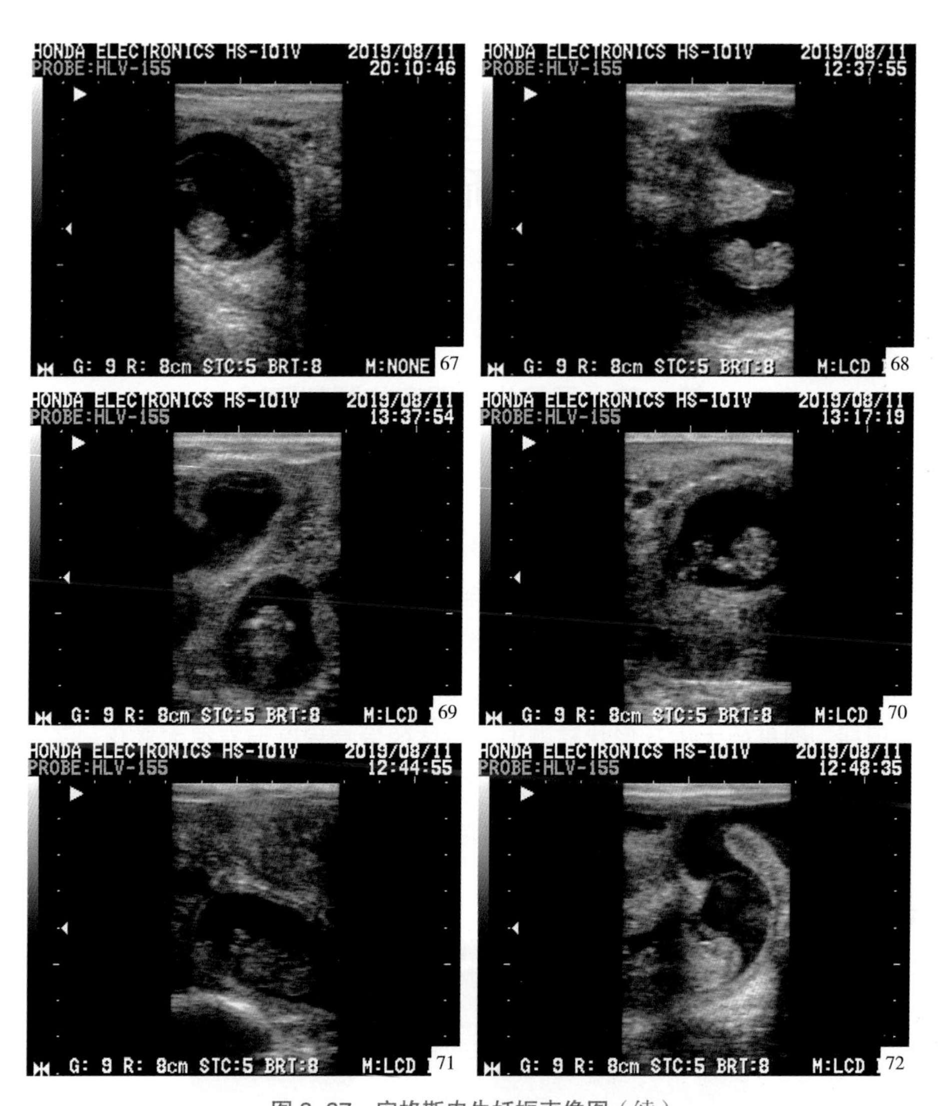

图 3–37 安格斯肉牛妊娠声像图（续）

第四章　母马生殖器官和 B 超早期妊娠诊断

第一节　母马生殖器官的解剖概述

一、母马的生殖器官

母马卵巢形如蚕豆或肾形（图 4–1、图 4–2），具有排卵凹（图 4–3），卵巢长 4 cm、宽 3 cm、厚 2 cm。马排卵前卵泡直径约为 70 mm，卵泡均在排卵凹中破裂排出卵子。左侧卵巢位于第四、五腰椎左侧横突末端下方，即左髋结节的下内侧。右侧卵巢位于第三、四腰椎右侧横突之下，贴近腹腔顶部。在发情周期，卵巢的大小及形状随卵泡或黄体的发育程度而有很大变化。子宫为双角子宫（图 4–4），子宫大部分位于腹腔，小部分位于骨盆腔，背侧为直肠，腹侧为膀胱，前接输卵管（图 4–5），后接阴道，借助于子宫阔韧带悬于腰下腹腔。

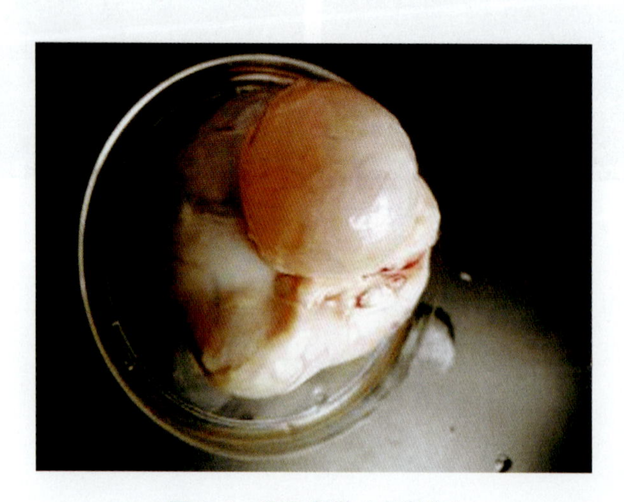

图 4–1　母马卵巢（有卵泡）

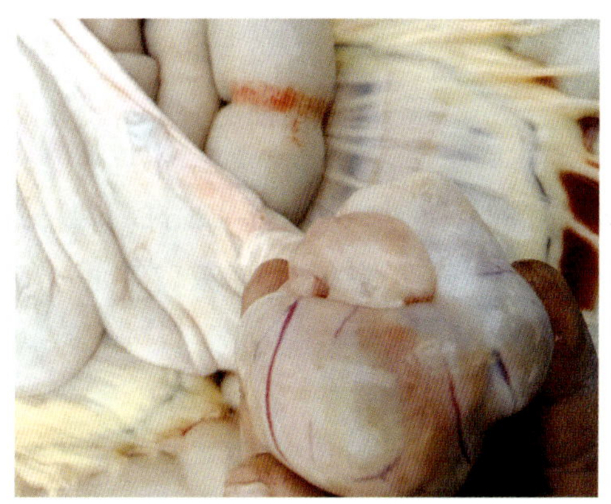
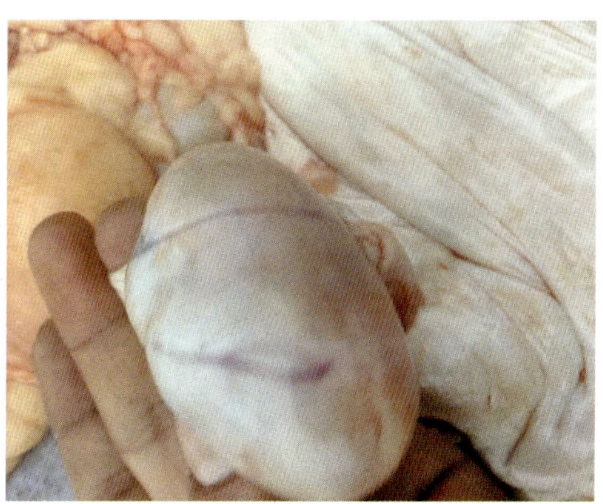

图 4-2 母马卵巢侧面

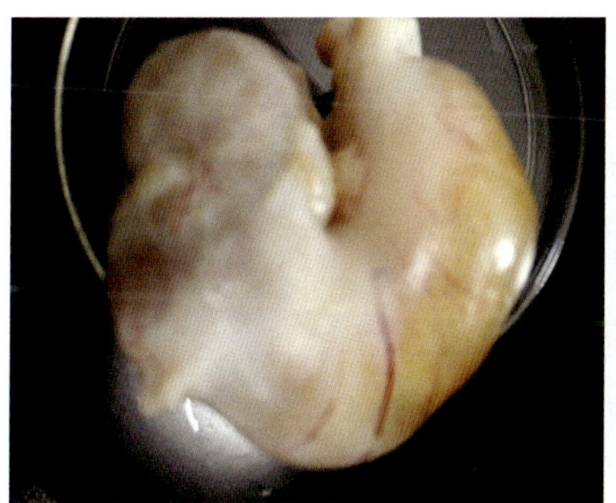
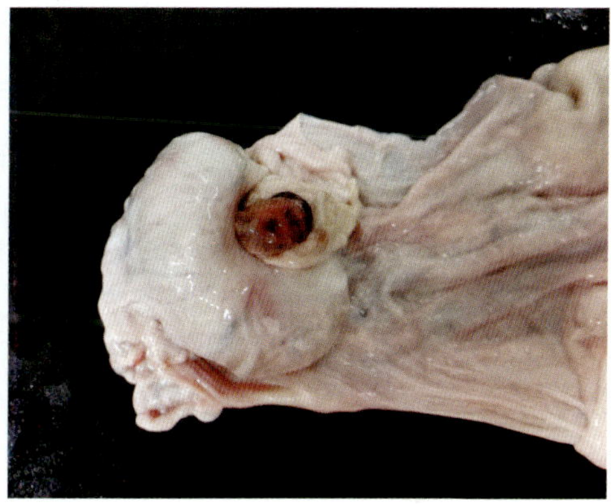

图 4-3 有排卵凹的母马卵巢

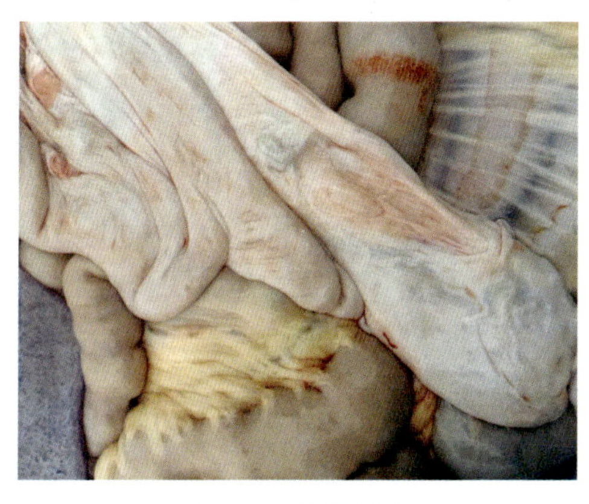

图 4-4 母马子宫

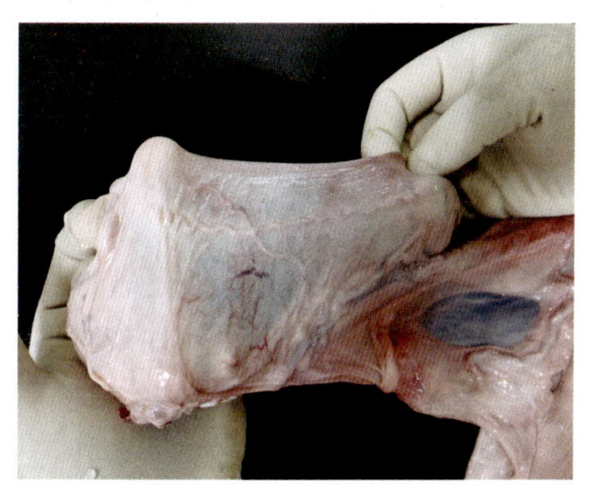

图 4-5 未孕母马输卵管和其系膜

二、母马生殖器官在妊娠不同阶段的变化

1. 妊娠 40 d 内

卵巢：妊娠黄体在形成后只有 2~3 d 的时间可通过直肠检查触摸到。虽然妊娠黄体持续存在 5 或 6 个月，但不能准确鉴定。矮种马在妊娠 14 d 时可触诊到一些发育卵泡，妊娠 15 d 有大量直径小于 3cm 的卵泡生成，卵巢表面如同葡萄串状，这时的卵泡极少发生排卵。

马的囊胚通常在受精后 18 d 大如栗子，第 4 周直径为 4.2 cm 左右，12 周体长约为 12 cm。马妊娠第 18 天子宫壁开始增厚、肿大，子宫角有坚实感，轮廓清楚。有囊胚的子宫角呈现管状隆起（同发情时子宫弛缓的囊状情况很容易区别），有些马子宫呈面团样。囊胚的大小差异很大，与相同妊娠日期对照，有些偏大，有些偏小。妊娠 60 d 时还可触摸到未孕角，这时囊胚开始从孕角延伸到子宫体，子宫向前向下沉。妊娠前 3 个月胚胎的生长比较缓慢，在妊娠 4 个月以后却生长较快。在妊娠后半期，孕角逐渐向前延伸，最大时几乎达到横膈膜。通常左侧腹壁较右侧腹壁突出。妊娠末期，马的子宫位于腹腔中部，有时也偏向某一侧。

在间情期的后期和发情期，子宫柔软，子宫内膜水肿。排卵后子宫张力增加，子宫更似管状。子宫质地的这些变化在未孕马不明显，第 10~14 天时黄体开始退化，然后子宫张力消退。但对于妊娠母马，黄体持续存在，子宫张力在 19~21 d 时达到最大，这时孕角子宫靠近子宫体的部位膨胀，壁软薄。马胚胎附植发生在第 16~18 天，此前孕体在两个子宫角与子宫体间有很大的游动性，孕角不一定与排卵的卵巢位于同一侧。马妊娠在右侧子宫角较多，但矮种马右侧子宫角妊娠略少。右侧子宫角妊娠稍多而左侧卵巢排卵稍多，表明马胚胎从左侧移行至右侧的较多。然而，如果母马不是在泌乳期配种，则右侧子宫角妊娠明显增多。马胚胎常常在上次妊娠对侧的子宫角发生附植。

在器官生成阶段，即在妊娠的前 30 d，孕体引起的子宫角胀大主要是子宫角沿腹面前后膨胀，但并不向背部扩展，而且生长缓慢。此后，孕角膨胀扩展加快，渐渐扩展到孕角的尖端。双胎妊娠时两个胚胎常常位于两个子宫角的基部，会出现两组子宫内膜杯。如果两个胚胎位于同侧子宫角，则仅有一组子宫内膜杯。

妊娠早期，阴道黏膜渐渐变得苍白和干燥，并被一薄层干黏液所覆盖。子宫颈小而且紧紧关闭，子宫颈外口逐渐由黏液堵塞封闭，子宫颈外口逐渐偏离中心。

2. 妊娠 40~120 d

卵巢这一阶段的特征是卵巢活动明显，多个大卵泡发育引起一侧或双侧卵巢增大，体积超过发情期，有的卵巢非常大。有的卵泡排卵形成副黄体，不排卵的卵泡发生黄体化。卵泡活动通常在 100 d 时消退，黄体开始退化。

妊娠 40~45 d，两侧卵巢增大，孕角侧卵巢下垂，孕体直径为 6~7 cm（图 4-6、图 4-7），垒球样大小，孕体膨胀呈半圆形的隆凸，占据孕角的后半部及一部分子宫体，子宫约在妊娠 60 d 时孕体完全占据孕角（图 4-8），黄体如图 4-9 所示，妊娠 60 d 的子宫、胎儿和胎膜如图 4-10、图 4-11 所示。妊娠 60 d 以后，尿囊绒毛膜先后进入子宫体和未孕子宫角。孕角在母马腹腔中从横向变为纵向。到妊娠 100 d 时，子宫因充满液体而有些紧张，位于骨盆腔前缘。此时胎儿很小，紧紧包围在羊膜里，漂浮在体积相对较大的尿囊液中。

3. 妊娠 120 d 至分娩

卵巢随着黄体和卵泡消退，卵巢逐渐变小变硬，由于妊娠子宫向前向下拉而发生移位，除了一些体格很大的马，通常在整个妊娠期都可以通过直肠触摸到卵巢。

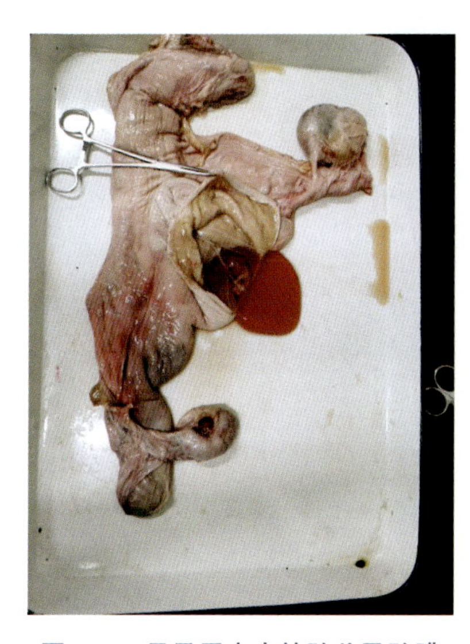

图 4-6　孕马子宫内的胎儿及胎膜

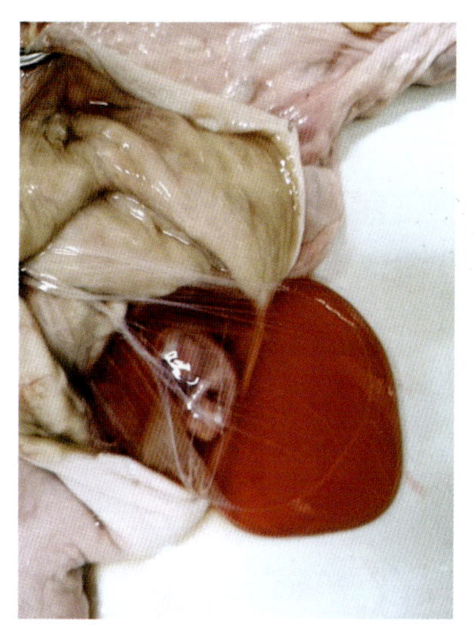

图 4-7　胎儿及胎膜局部放大图

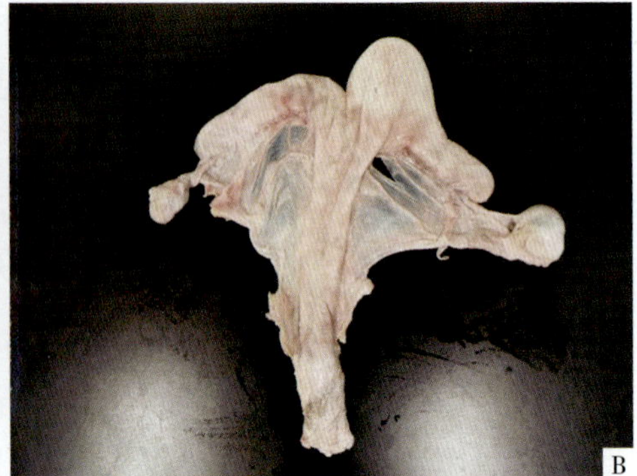

图 4-8　早期妊娠母马生殖器官

A. 孕角在左侧；B. 孕角在右侧

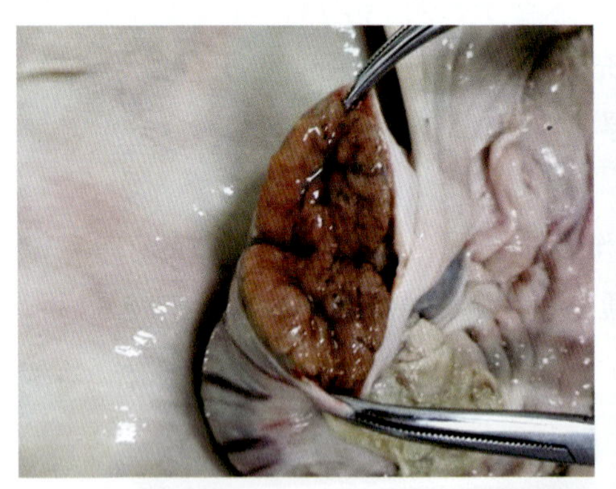

图 4-9　切开孕马卵巢上黄体

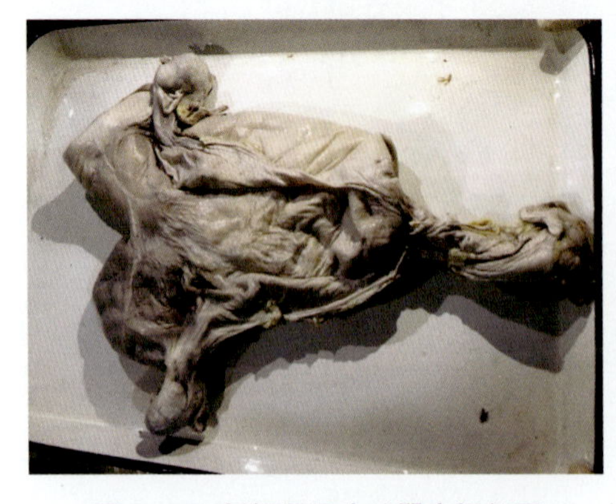

图 4-10　妊娠母马生殖器官解剖图

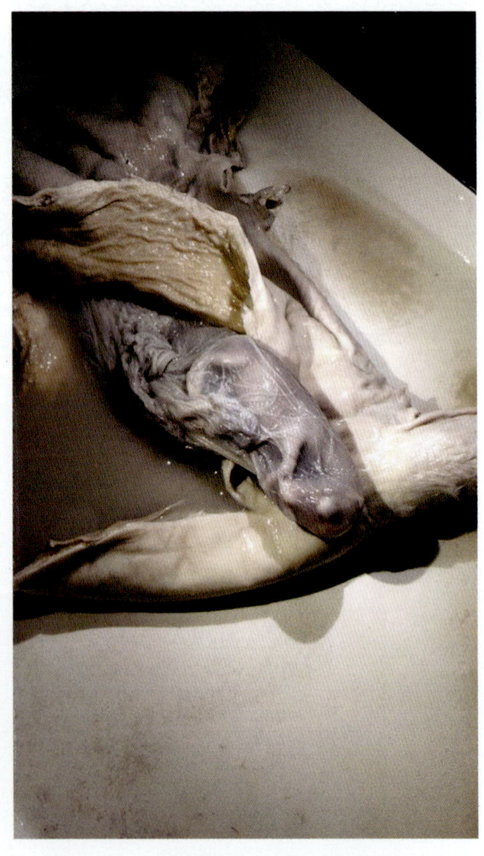

图 4-11　妊娠母马子宫内胎膜与胎儿

子宫胎儿及胎水引起子宫逐渐膨胀，增加了子宫、卵巢韧带的紧张性。子宫前部向下向前沉降。8个月后胎儿常呈纵向正生下位。除了体型非常大的马，在这一时期都可触摸到胎儿。尽管马子宫动脉的震颤没有牛明显，但仍能触摸到。

第二节　母马B超妊娠诊断操作程序

母马配种后18 d观察没有表现发情行为，可初步判断母马已经妊娠。养殖场（或马场）或个人饲养的马匹，畜主观察是否返情是进行妊娠诊断时常采用的行为学观察方法，这种方法可作为妊娠诊断的初筛方法。根据实际情况来看，有5%~10%的母马在妊娠第18天左右会出现返情。如果母马怀胎为母驹，则返情率更高。有些母马在妊娠时也表现发情行为，因此，特别是在保定的情况下可接受交配，如果在交配时子宫颈开放，可导致胚胎死亡，这种情况多见于老龄母马和新近产驹的母马。如果母马在异地配种后返回，则畜主很难观察到发情行为，特别是在没有公马或其他刺激时。另外，未孕母马有时不返情通常是由于长期处于间情期（繁殖季节末期或天气恶劣时）。未孕母马偶尔也出现泌乳性乏情，特别是在1~3月产驹的母马。而B超诊断母马妊娠是一个准确的方法，同时也可以观察卵泡的发育和监测排卵。随着国内马产业的发展，推广应用超声技术提高繁殖受胎率显得尤为必要。

一、兽用B超仪的选择条件

便携式兽用B超仪配备3.5 MHz、5.0 MHz和6.5 MHz等单个频率的线阵探头或凸阵探头，也可使用5.0~7.5 MHz变频线阵探头或凸阵探头，如需要转存图像最好有USB接口。

二、配套设备和耗材

配套设备：保定绳子、绊马索或足枷、四柱栏保定架、不同数字的可用于液氮的烙号器或者可用于火烙的符号标记工具。

耗材：一次性乳胶短手套、一次性塑料长臂手套、液体石蜡、耦合剂、橡皮围裙、连体工作服、不同颜色（红、黄、绿等）的丝带、小块方毛巾（方便擦干净探头与仪器）、记录本、U盘等。

三、母马B超早期妊娠诊断的操作方法

1. 保定

可以在保定架柱栏内保定，带马驹的保定如图4–12所示；不带马驹的可以在四柱栏内保定，如图4–13所示；也可以在通道内保定，如图4–14所示；在没有这些的条件下，可以使用绊马索保定（图4–15）或者树木和绳子简易保定（图4–16）。

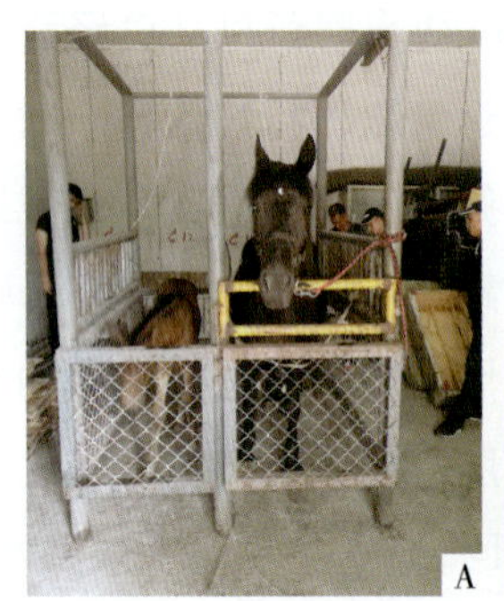
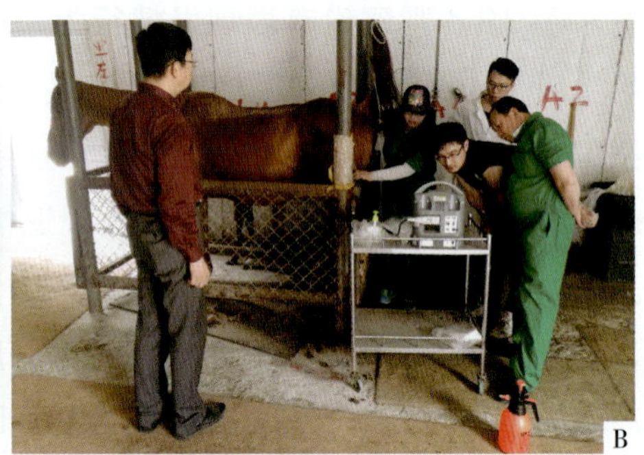

图4–12 母马与马驹柱栏内保定

A. 正前方；B. 侧方

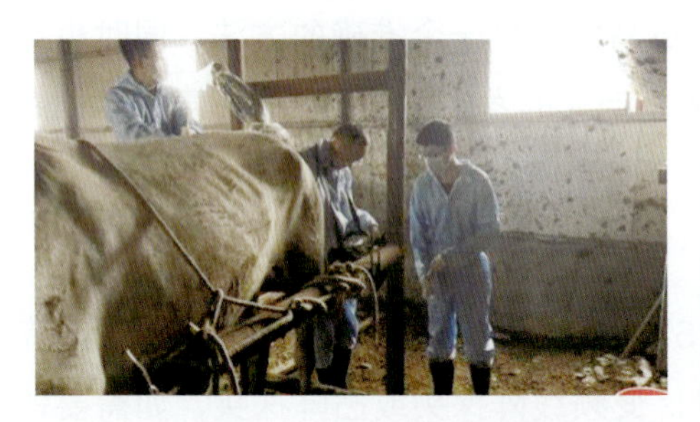

图4–13 母马四柱栏内保定

图4–14 母马通道内保定

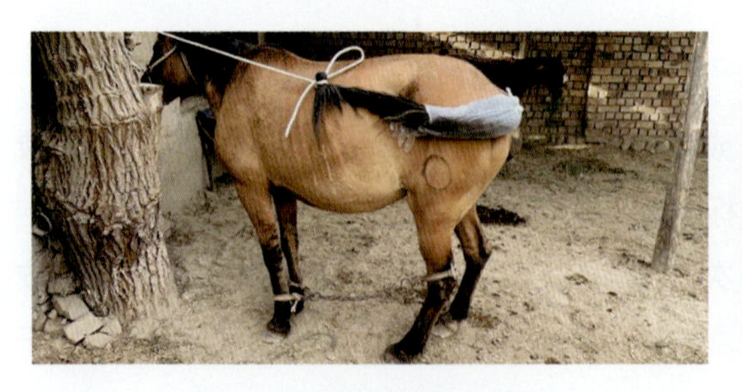

图4–15 母马绊马索保定

图4–16 母马的简易保定

由于马匹反应迅速，可抬起前腿蹬踏，后腿可蹴踢，尤其是在马身后属于马的视力盲区更加危险。因此，必须在保定确实后才能进行检查操作，合适的保定设施和方法保证了人畜的安全，避免马匹的损伤。可采用四柱栏或通道内保定，有条件的可结合使用背胸带、前挡带和后挡带，也可采用绊马索、绳索或宽吊带等进行保定。注意，使用麻醉药对妊娠马有流产及其他副作用的风险，使用要谨慎，尤其是妊娠1个月和最后1个月。保定时不使用腰腹带，围住马匹后腿的绳子不宜过高固定，收拢得过紧，否则检查时可能出现马匹后躯突然卧地的情况，检查者容易出现安全问题。

2. 检查时间

可使用5.0 MHz直肠探头，在第11天扫查到胚囊，胚囊直径3~5 mm；第20天扫查到胚体，准确率98%。在临床实际工作中，如果自然交配应该在最后一次配种后第16天进行首次检查，或者在准确判定排卵时间后人工授精，之后第16天首次检查，必要时可间隔7天后再次检查可确诊。典型情况下可采用5.0 MHz或7.5 MHz或多频线阵探头诊断80 d之前的妊娠。

3. 扫查部位

经直肠路径手拿探头带入直肠内，隔着直肠或结肠壁检查子宫和卵巢，以子宫角为主。注意，直肠检查触摸可感觉到子宫和卵巢质地和手感，在这方面超声仪扫查没有此优势，有时妊娠诊断需要直肠检查与超声检查结合起来进行判断。

4. 操作步骤

由于母马的生殖器官和直肠的解剖结构与牛比较有差异，并且直肠壁比牛的薄，所以为避免直肠损伤，必须注意操作前的要求，严格按照以下步骤进行操作。

（1）操作前的要求

①必须熟悉母马生殖系统的构造特点。熟悉不同繁殖状态下母马生殖器官各部分的位置、形状、质地及其他特点，为直肠检查鉴定母马发情状态、诊断妊娠及生殖器官疾病奠定一定基础。掌握发情周期中母马卵巢和子宫发生变化的基础知识。

②掌握母马生殖器官的直肠检查方法及注意事项。直肠检查方法：首先将指甲剪掉，打磨好指甲，戴上长臂塑料手套，手套外再戴上短乳胶手套，在手套涂抹液体石蜡或植物油，必须将直肠内的粪球全部掏出，也可提前用肥皂水灌肠；

然后按照以下步骤进行操作，顺序是先卵巢—左手容易检查右卵巢—髋结节内侧—卵巢系膜(8~10 cm)—对卵巢用指肚触诊—向后向下滑行查找子宫角尖端—后滑行检查子宫角形状、体积和质地—手指带肠道弯至子宫体下兜住用手掌触诊（例如，右手检查完左侧后，向上向右翻可检查右卵巢，向下向右翻可检查右子宫角）。注意，不能扯拉卵巢，也不能用力按压，以免损伤卵巢系膜或肠壁。直肠努责停止检查，迟缓后再检查，切记避免直肠损伤。

③对马尾的处理。用绷带缠住马尾或套上塑料长臂手套并用细绳系紧，以免马尾上的马毛影响直肠检查和超声检查。检查时，将马尾拉到一边或呈悬吊状。

（2）操作方法

检查开始前先戴上长臂塑料手套，多涂抹液体石蜡（尤其是马的直肠内粪便较干燥需要用润滑剂），先将直肠中粪便掏出，尽量以粪球形式取出，可以减少对马直肠黏膜的刺激。用手感觉子宫和卵巢的大致状态（图 4–17），预判是否妊娠，同时把握好子宫和卵巢的位置，以便接下来扫查。采用直肠路径扫查要通过连续切面观察卵巢、子宫及孕体，需要了解待查目标（如子宫、卵巢、胎儿、脐带、胚胎）的整体情况、超声解剖及生理特点。用手握住探头伸入到直肠中。所有需要扫查的部位都要先用手触摸，探头进入直肠后，要有轻微的角度移动，以便探测到子宫和卵巢。在显示屏上可以看到一些结构，纵向看先是膀胱，然后是子宫颈，接着是子宫体，最后是两侧子宫角。线阵探头扫查操作示意如图 4–18 所示。

图 4–17　直肠检查

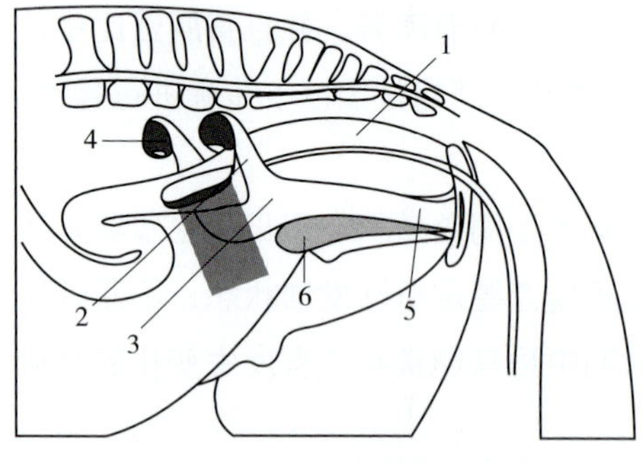

图 4–18　线阵探头扫查操作示意

（引自 Wolfgang Kähn）

1. 直肠；2. 子宫角；3. 子宫体；4. 卵巢；5. 阴道；6. 膀胱

对妊娠母马进行临床检查时，最应注重子宫颈、子宫体、子宫角、子宫张力等。通过直肠检查对母马进行妊娠诊断时，其最佳时间往往取决于检查者的实践经验。通常情况下，最早诊断时间为妊娠 40~60 d。妊娠后进行诊断检查越迟，则空怀母马浪费的时间越多，应及早进行妊娠诊断以检查妊娠是否成功。妊娠 40 d 前可重复检查，妊娠失败之后很少会出现正常的发情情况。

从妊娠开始以及整个妊娠期间均可应用直肠检查方式，初步诊断可以在配种 20 d 以后，配种后 40~60 d 即可确诊，其诊断结果比较准确，并且可以大概确定妊娠时间，同时也可发现假发情、假妊娠、胎儿死活以及是否患有生殖器官疾病等情况。

通过直肠检查，在母马妊娠 20 d 时就能确定妊娠与否，而且准确率很高。马的直肠壁较薄，往往积有大量粪球，手伸入直肠后，先将积聚的粪球全部掏出，如有可能应事先用肥皂水灌肠，促使直肠排空。检查动作应轻缓柔和，切忌损伤肠道黏膜。若不小心引起肠壁损伤，特别是肠壁出血，会引起极其严重的后果。马的子宫颈比较柔软，不易感觉，因此，检查应先从卵巢开始，在左侧的第 4、5 腰椎横突左下方，或右侧第 3、4 腰椎横突右下方相应区域找到卵巢并检查之后，可用手心握住卵巢，沿着阔韧带向下滑动，达到子宫角进行检查，其后用同样的方法依次找到子宫体及另一侧的子宫角和卵巢检查。另外，也可应用钩底法，即将手指向前伸，越过整个子宫，再将手指向下弯曲并缓慢向后拉回，把子宫体和子宫角钩在手内进行检查。

按照以下扫查顺序进行检查，在纵向切面上屏幕图像显示的顺序是：膀胱—子宫颈—子宫体—子宫角。可以测量羊膜囊直径（GSD），如图 4–19 所示，但横向切面和纵向切面差别不大。

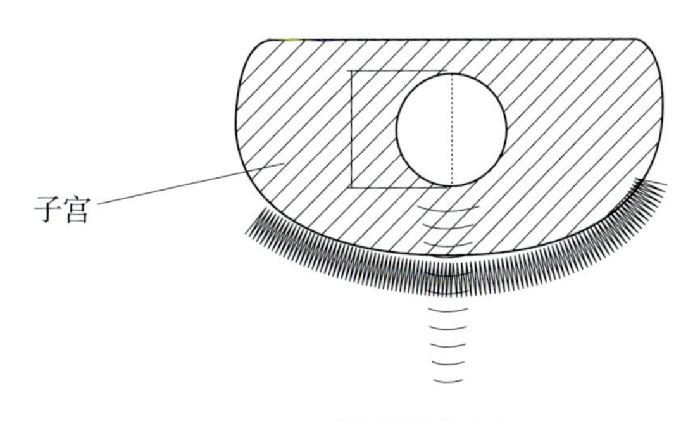

图 4–19　测量羊膜囊直径

5. 母马妊娠B超诊断标准

超声图像显示，子宫角呈环状结构。马妊娠早期胎水比胎体容易扫查到，因为马妊娠1个月时，羊水1.5 mL，尿水30~40 mL；2个月时，羊水30~40 mL，尿水700~800 mL，胎体分别是5~13 mm和40~70 mm，因此在妊娠后一定阶段会出现子宫扩张、液性暗区和胎体的不规则回声图像。

母马妊娠13 d通过B超图像可见子宫切面呈现圆形或椭圆形孕囊，直径1 cm以上；妊娠17 d时的孕囊直径2 cm以上；妊娠23 d可见胎体；妊娠45 d可见胎儿脐带以及分化的四肢；妊娠70 d可见胎儿肋骨以及躯干。

6. 母马妊娠检查后的记录和标记

检查者可以通过文字描述观察到的外貌特征、烙号标记符号或数字，或对其进行拍照；也可以在母马尾巴系上不同颜色的丝带，以便区别不同的状态。

四、母马早期妊娠典型声像图谱

早期妊娠诊断及胚体或胎儿发育健康的检查是超声检查在马的繁殖中最为重要的应用领域。B超及彩色多普勒超声诊断也是监测、监控及研究孕体发育形态及生理变化的重要工具，也可用于检查母马的繁殖健康。当母马进行B超诊断时应注意：孕体包括发育期的胚胎或胎儿胚外胎膜、卵黄囊、尿囊、羊膜囊和脐带，而胚囊则主要指的是卵黄囊阶段的孕体，胚体是指除孕体其他结构外，最后发育为胎儿的早期胚胎。

在母马妊娠80 d以后，由于胎儿快速生长，孕体沉入腹腔，因此检查时可能难以触摸到，这种情况下可经腹壁采用扫查深度更大的探头（如2.5~3.5 MHz）以便显示出不同切面的更完整的胎儿图像。如果只需检查孕体或胎儿的一部分则可以使用5.0 MHz探头经直肠扫查，此时仍可获得良好的结果。直肠超声检查如果是矮种马，母马体格太小，可能直肠中难以容纳手及一个探头，在操作时必须要格外小心以免损伤直肠。

母马卵巢上多个卵泡声像图如图4-20所示，有大小不等的卵泡呈现液性暗区，一般卵泡小于4 cm。发情时的卵泡一般大于4 cm，如图4-21所示，发情卵泡内也是液性暗区，直径比未发情的明显大。超声检查时要确定探头放在卵巢上，发情卵泡注意避免与早期妊娠子宫扩张图像误判。母马黄体超声声像图如图4-22~图4-24所示。

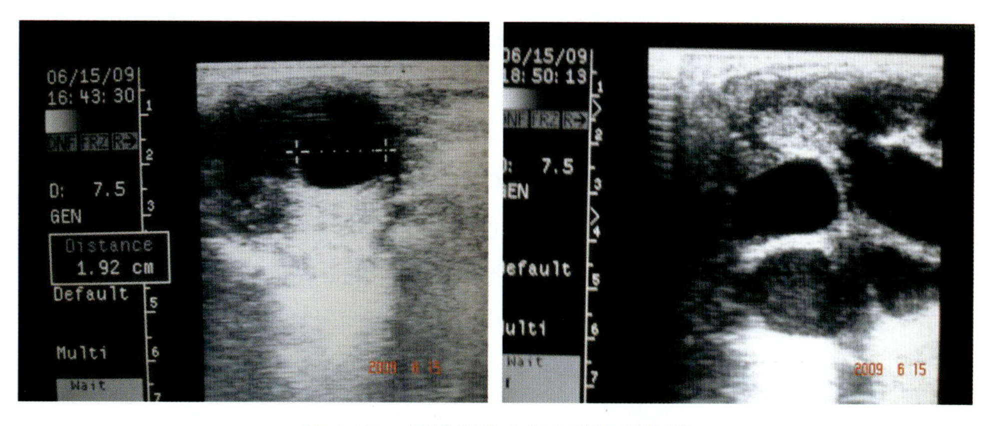

图 4-20　母马卵巢上多个卵泡声像图

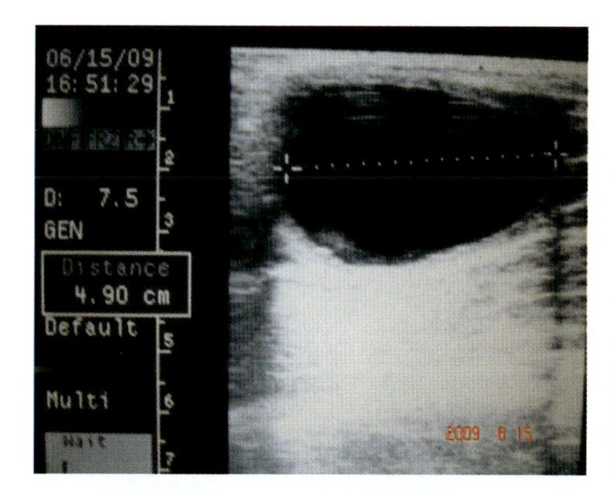

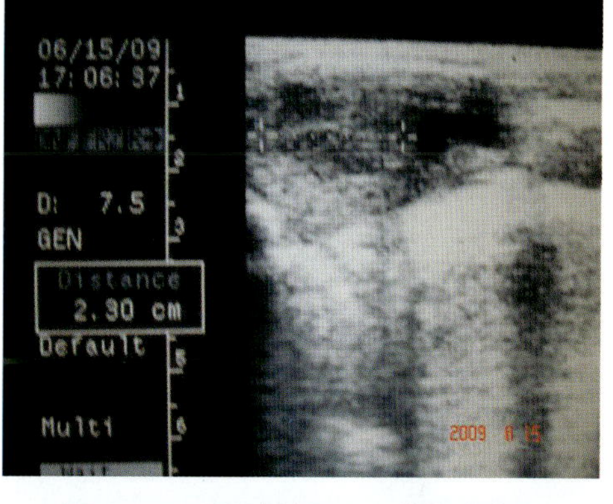

图 4-21　母马发情卵泡声像图

图 4-22　母马妊娠 20 d 黄体声像图

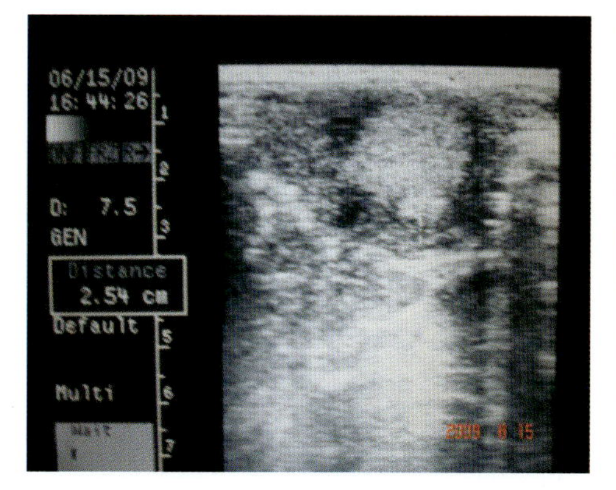

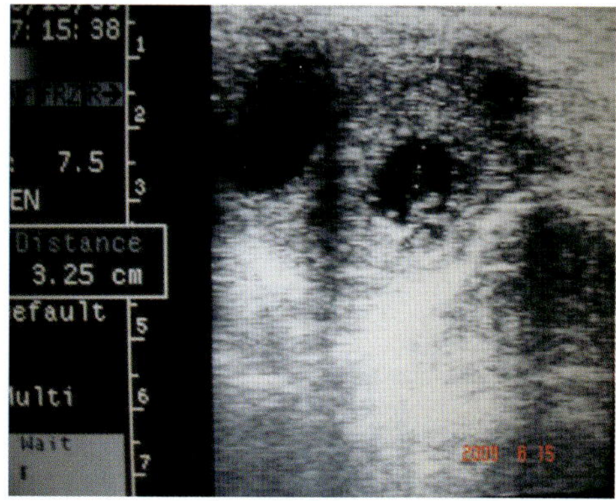

图 4-23　母马卵巢上黄体声像图

图 4-24　母马卵巢上卵泡和有腔黄体声像图

母马未孕的图像：闭合子宫角声像图如图 4-25 所示，母马空怀子宫角声像图如图 4-26 所示，子宫未见扩张迹象。

母马各阶段妊娠图像：母马妊娠 13 d 声像图（图 4-27），显示子宫扩张、子宫内为液性暗区；母马妊娠 16 d 声像图（图 4-28）与妊娠 13 d 类似，显示仅扩张稍大一些；母马妊娠 17 d 声像图（图 4-29）和妊娠 18 d 声像图（图 4-30），显示子宫内液体逐渐增多，因此子宫扩张更大，此后母马的子宫逐渐扩张，出现胚胎不同切面图像；母马妊娠 23 d 声像图（图 4-31）、妊娠 28 d 声像图（图 4-32），显示子宫内有胚胎的不同切面图像；妊娠 30 d 声像图（图 4-33），显示子宫内胚胎和羊膜切面图像；母马妊娠 33 d、35 d 声像图（图 4-34、图 4-35），显示胚胎切面体积更大；母马妊娠 40 d 声像图（图 4-36），显示胚胎和脐带的不同切面图像；母马妊娠 45 d 声像图（图 4-37）、妊娠 50 d 声像图（图 4-38）和

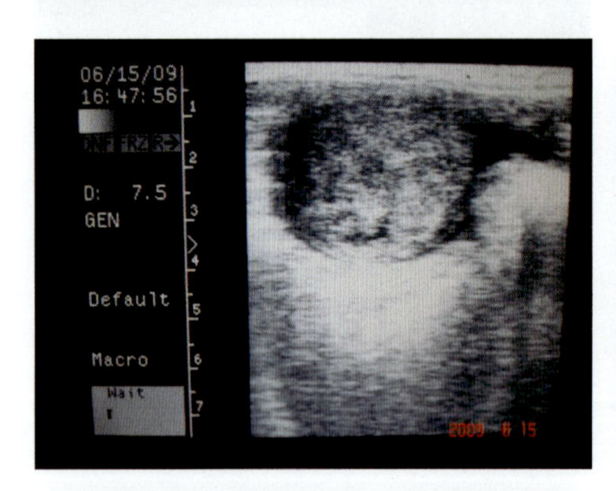

图 4-25　母马闭合子宫角声像图

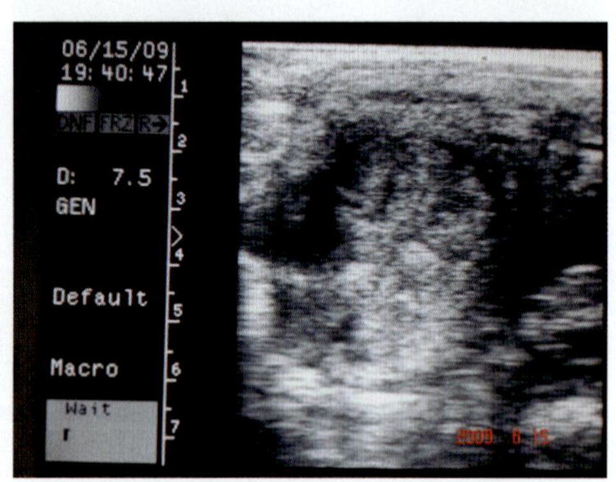

图 4-26　母马空怀子宫角声像图

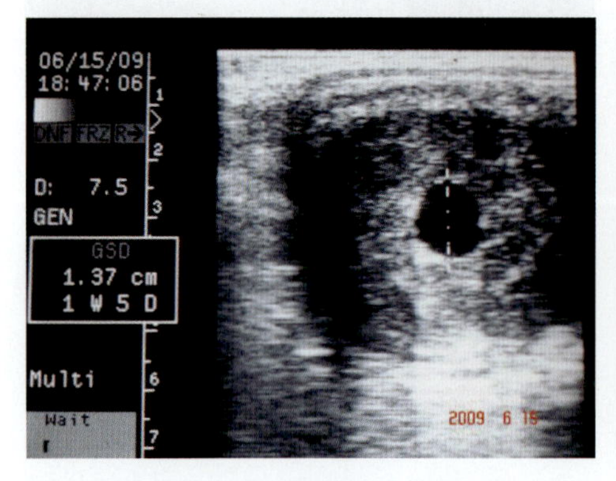

图 4-27　母马妊娠 13 d 声像图

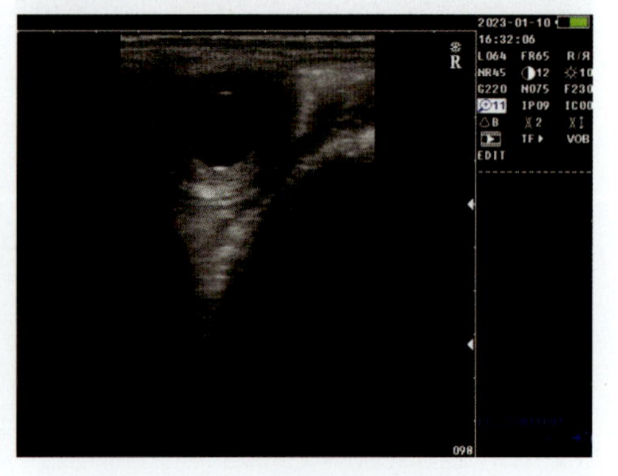

图 4-28　母马妊娠 16 d 声像图

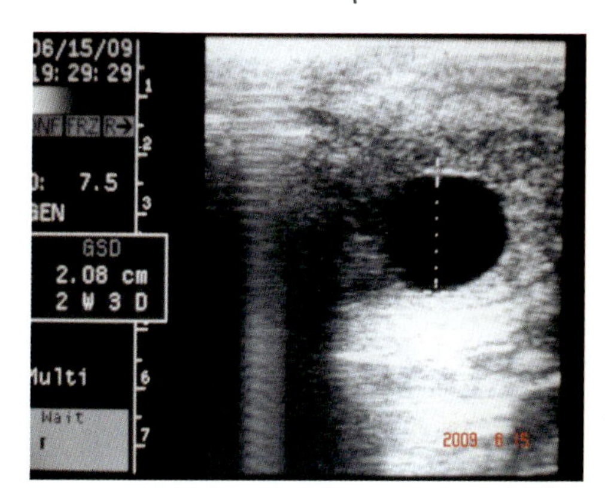

图 4-29　母马妊娠 17 d 声像图

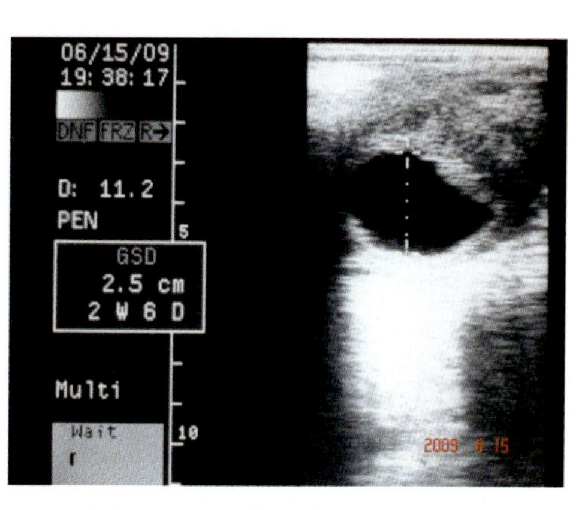

图 4-30　母马妊娠 18 d 声像图

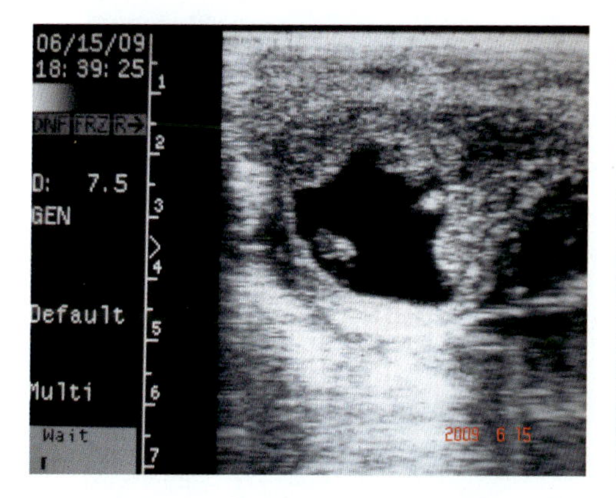

图 4-31　母马妊娠 23 d 声像图

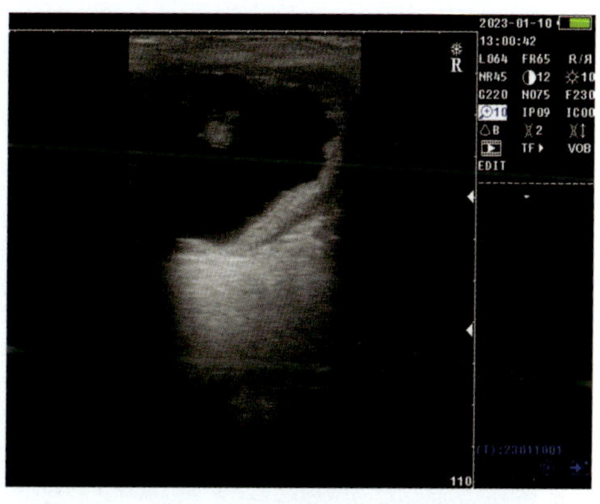

图 4-32　母马妊娠 28 d 声像图

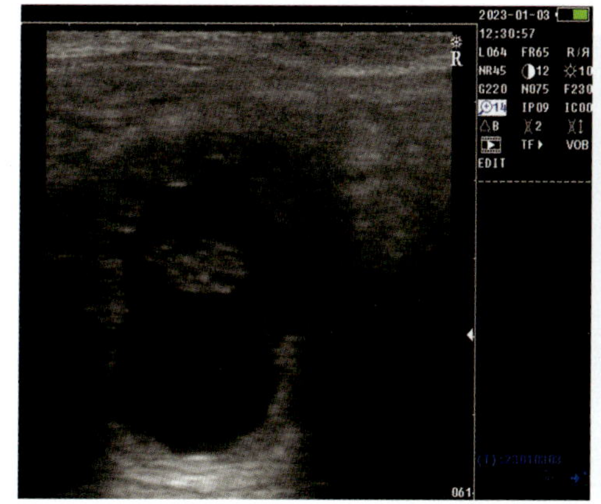

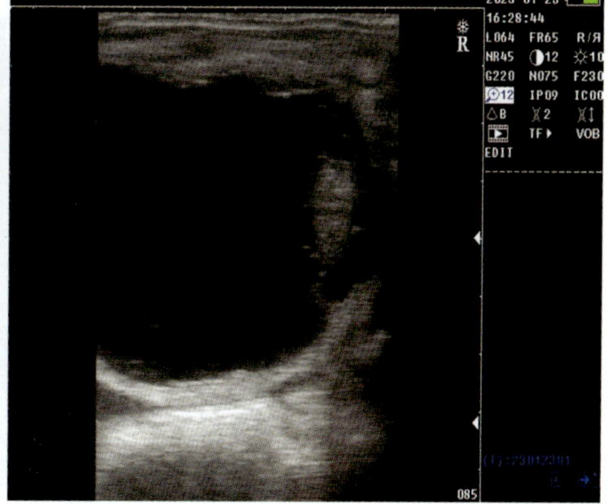

图 4-33　母马妊娠 30 d 声像图

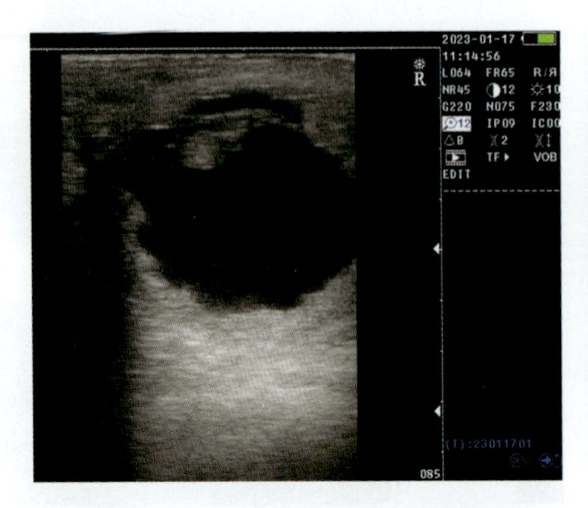

图 4–34　母马妊娠 33 d 声像图

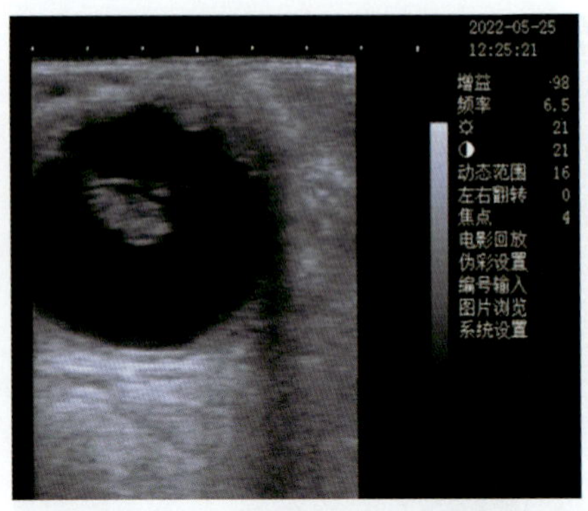

图 4–35　母马妊娠 35 d 声像图

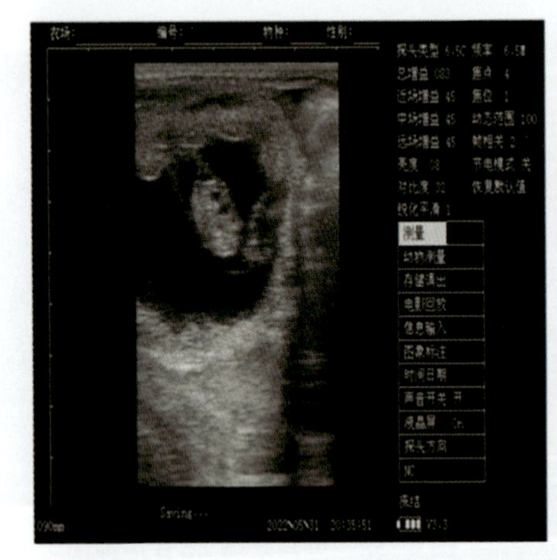

图 4–36　母马妊娠 40 d 声像图

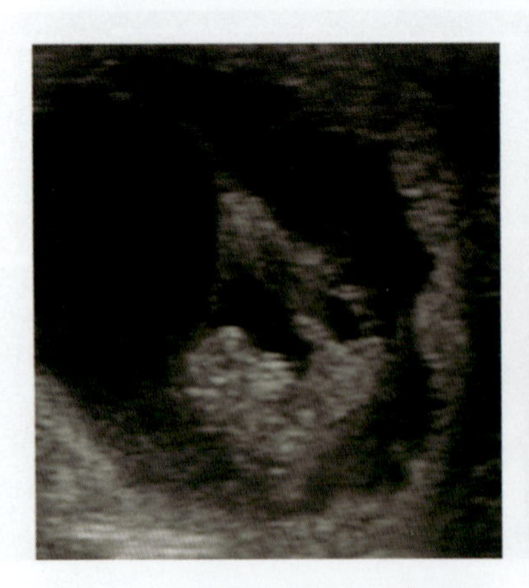

图 4–37　母马妊娠 45 d 声像图

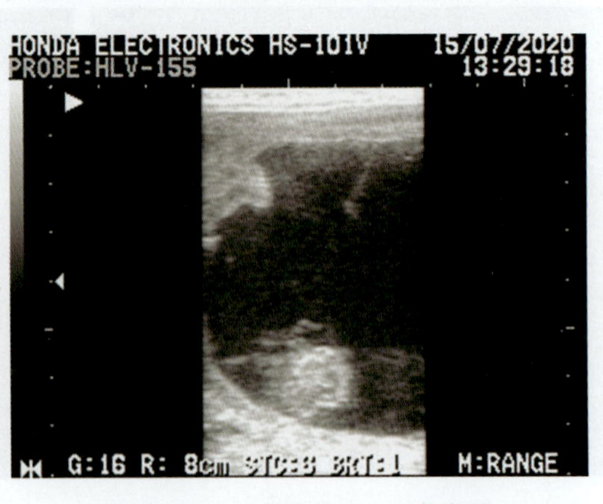

图 4–38　母马妊娠 50 d 声像图

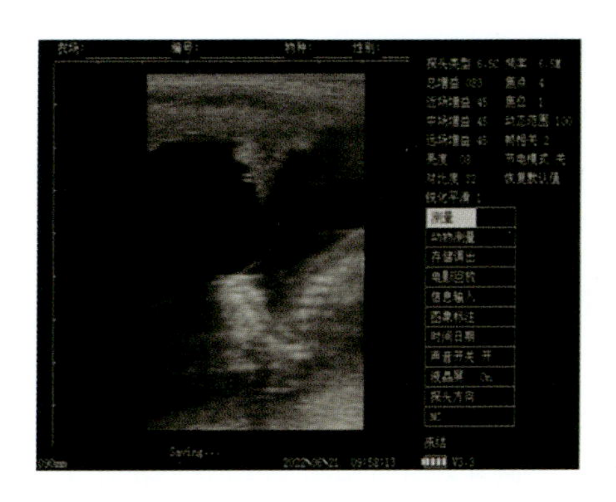

图 4–39　母马妊娠 70 d 声像图

妊娠 70 d 声像图（图 4–39），子宫内胎儿逐渐由于重力作用下沉，显示不同切面图像和脐带，子宫扩张更大。

为了进一步说明母马妊娠不同阶段的超声图像，根据国外报道，对图 4–40 中不同妊娠阶段的声像图主要特征描述解读如下：

其中，图片 1 为妊娠 9 d。胚囊直径 4~5 mm，显示胚囊位于子宫角的中心，箭头所指为子宫角断面。

图片 2 为妊娠 11 d。胚囊是典型的镜面反射，声波穿过胚囊前后壁，其胚囊直径 9 mm。

图片 3 为妊娠 14 d。胚囊呈球形，位于子宫角的中心位置，其直径为 15 mm。

图片 4 为妊娠 16 d。胚囊呈卵圆形，长 26 mm、宽 20 mm，最大直径为横向测量的宽度（十字标记之间的距离）。

图片 5 为妊娠 18 d。胚囊呈梨形，箭头所指为子宫角切面图像。

图片 6 为妊娠 20 d。胚囊呈三角形，胚胎位于底部，其下为较薄的子宫壁。

图片 7 为妊娠 27 d。胚胎（箭头）开始“上升”，位于腹侧的尿囊开始充盈。

图片 8 为妊娠 29 d。胚胎悬浮于胚囊的中心，卵黄囊和尿囊的膜显示高回声的结构。

图片 9 为妊娠 32 d。胚胎漂浮在胚囊的上 1/3 处，卵黄囊逐渐变模糊，尿囊正在扩大。

图片 10 为妊娠 35 d。胚胎悬浮于胚囊很高的位置，卵黄囊几乎消失。

图片 11 为妊娠 37 d。胚囊无方向，尿囊位于顶部，卵黄囊位于底部，胚囊中的胚胎在上升过程中，从顶部到底部。

图片 12 为妊娠 40 d。胚胎（箭头）通过脐带悬挂下降到胚囊的底部，同时有残余的卵黄囊。

图片 13 为妊娠 46 d。胎儿仰卧在胚囊的底部，头臀长为 33 mm，长着眼睛的头位于左边。

图片 14 为妊娠 55 d。胎儿沉在子宫底部或侧面，有胎儿的不同切面图像。

图片 15 为妊娠 62 d。显示胎儿头部并且朝下，胎儿脊椎骨骼和脐带清晰可见。

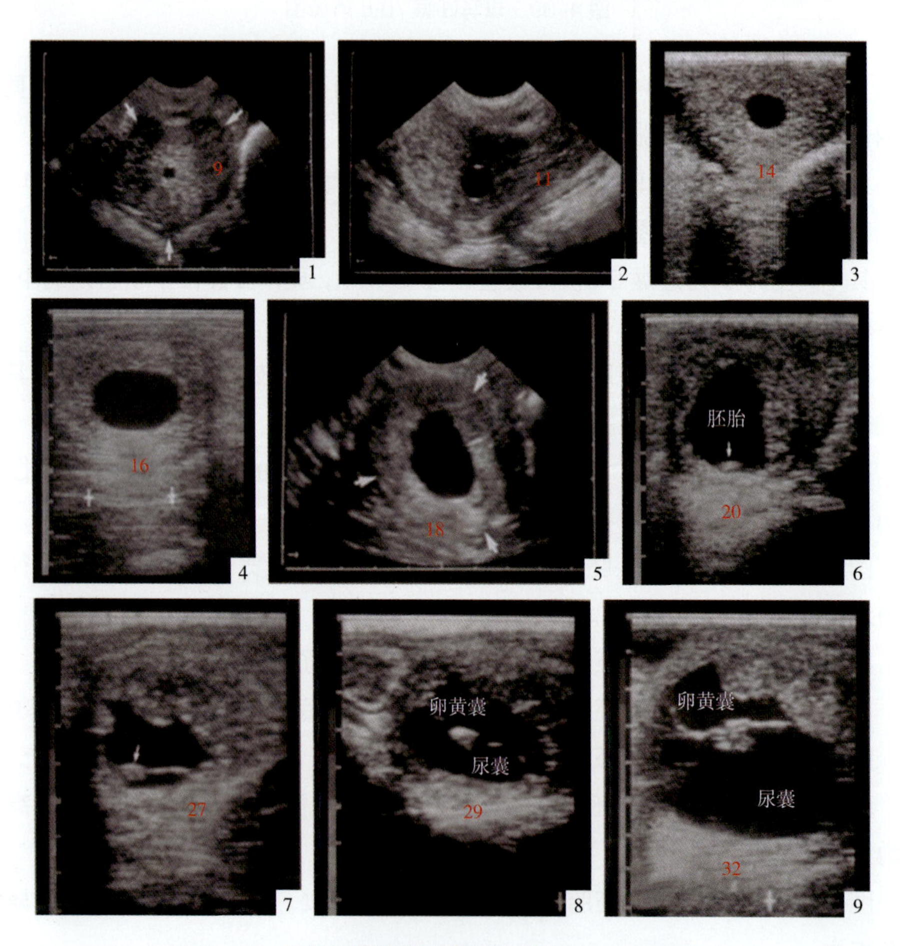

图 4–40 母马妊娠早期声像图（引自 Wolfgang Kähn）

注：图内红色数字表示妊娠天数

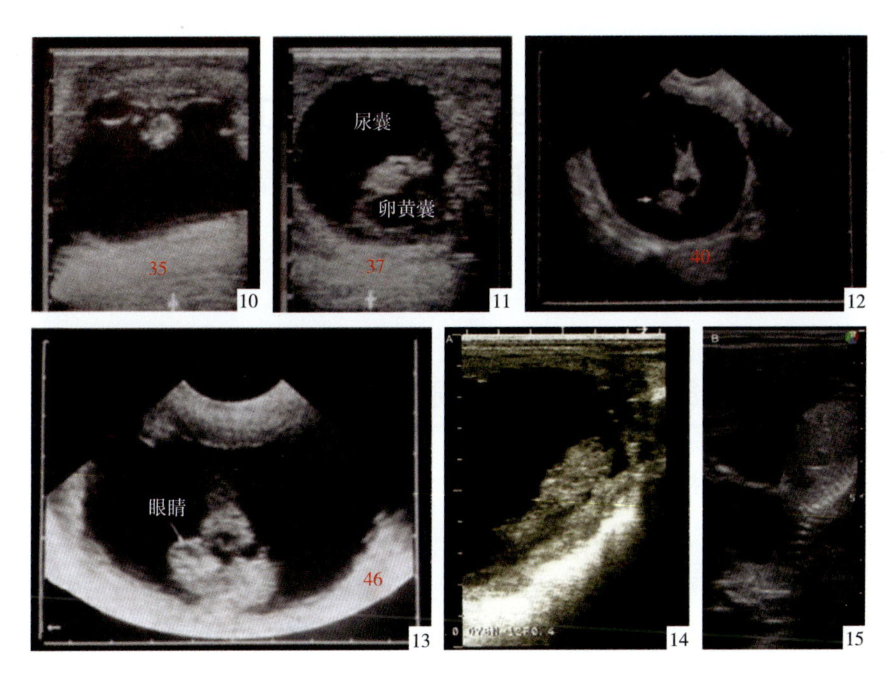

图 4-40　母马妊娠早期声像图（引自 Wolfgang Kähn）（续）

注：图内红色数字表示妊娠天数

第五章　母骆驼生殖器官和 B 超早期妊娠诊断

第一节　母骆驼生殖器官的解剖概述

一、母骆驼的生殖器官

1. 卵巢

骆驼的卵巢（图 5–1、图 5–2）由卵巢系膜悬吊于腰下，在第 6 或第 7 腰椎横突腹侧。在乏情期，卵巢两侧扁平，长 30 mm、宽 20 mm、厚 10 mm、重 5 g。在发情期，由于有不同大小的卵泡和黄体存在，卵巢形态不规整。通常有一个大卵泡，直径可达 18 mm。在发情前期，黄体呈球形，直径约 15 mm，在妊娠期间增至 20 mm。母骆驼的卵巢位于子宫角尖端外侧，耻骨前缘附近。卵巢有一个长 1.5~2 cm 蒂与卵巢系膜相连。直肠检查时可用手指将蒂夹住，固定卵巢。

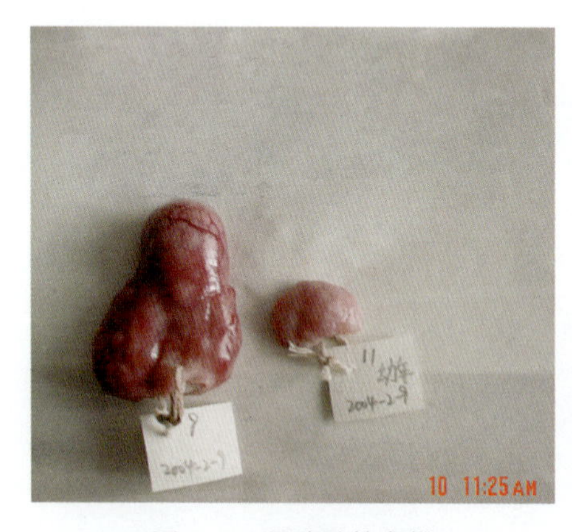

图 5–1　母骆驼的卵巢
（董红供图）

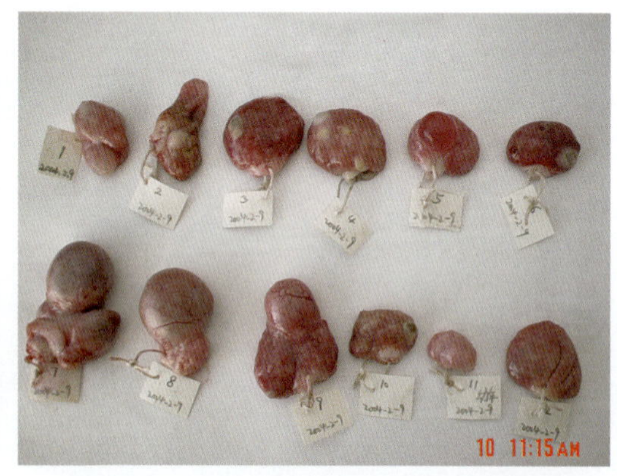

图 5–2　母骆驼不同发育阶段的卵巢
（董红供图）

2. 输卵管

骆驼的输卵管是一对弯曲的管道，从卵巢囊伸至子宫角尖端。输卵管子宫口位于子宫角尖一小黏膜乳头上。卵巢囊很大，输卵管的卵巢端开口于卵巢的外囊内。

3. 子宫

骆驼的子宫（图 5–3）属于双分子宫。子宫角末端钝，与输卵管相连。两个子宫角在后方联合形成短的子宫体，长约 4 cm。右子宫角长约 11 cm，左子宫角较大，长约 18 cm。左右子宫角的后 1/3 愈合，这一部分被一正中隔即子宫帆分开。子宫颈内由 4 个环形皱襞和 1 个子宫颈管组成。后环形皱襞低，形成大的子宫颈外口。子宫角和部分子宫体位于腹腔内，子宫体后部和子宫颈位于骨盆腔内。子宫由子宫阔韧带悬吊于骨盆腔侧壁。子宫内膜上无子宫阜。

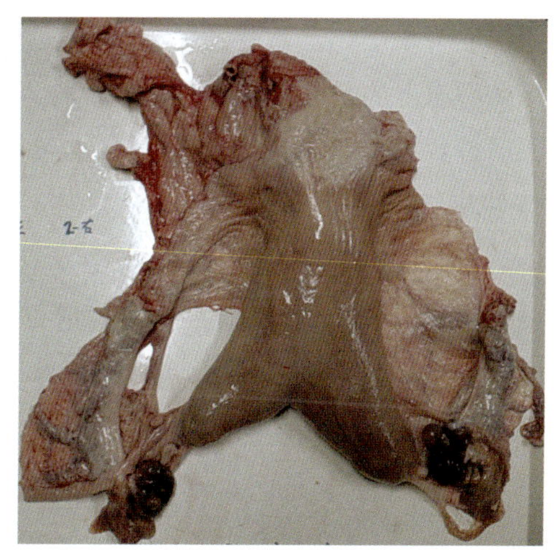

图 5–3　母骆驼的生殖器官
（董红供图）

4. 阴道

骆驼的阴道位于骨盆腔内，长约 33 cm，它含有许多纵褶即阴道褶。从阴道向阴道前庭过度明显。

5. 阴道前庭和阴门

骆驼的阴道前庭较短，在与阴道交界处有一缝隙状尿道外口，其腹侧有极浅的尿道下憩室。阴道前庭侧内壁有 2 个前庭大腺。前庭球被前庭缩肌覆盖，位于前庭壁内。阴门的阴唇背侧联合位于肛门直下方。阴门腹侧联合有很小的开口，通阴蒂包皮的阴蒂窝内有阴蒂。阴蒂体由一中央软骨核组成，周围包有薄的阴蒂海绵体。小的阴蒂头位于阴蒂窝内。

二、母骆驼生殖器官在妊娠不同阶段的变化

1. 卵巢

母骆驼的妊娠黄体比周期黄体大，呈现长圆形。黄体直径平均 2.6 cm。

2. 子宫

单峰驼的妊娠变化：大黄体仅见于妊娠时，99% 是左侧子宫角妊娠，右侧子宫角生来就比左侧子宫角短。在妊娠的任何阶段羊水都比牛的少。双峰骆驼最早 1 个月可以触摸到妊娠子宫角的增大，但是单峰骆驼在第 8 周才能检查出子宫增大，此时整个左侧子宫角都增大，两侧卵巢（一侧或两侧卵巢上有黄体）和子宫都在骨盆腔内。骆驼妊娠 1 个月，直肠检查妊娠子宫的变化与未孕差别不大，一侧卵巢上的妊娠黄体比周期黄体大。

妊娠 35~40 d，直肠检查时生殖器官均无可摸到的变化。妊娠 40 d 的左侧妊娠角的直径约 5 cm，妊娠 1.5 个月，左侧子宫角长一般 10~15 cm，宽 5~8 cm。胎儿在第 50 天时，可达大鼠一样大小。妊娠 60 d 左侧子宫角长一般 15~20 cm，宽 8~10 cm，卵巢在耻骨前缘前方。妊娠 2.5 个月，左侧子宫角更为增大，长度触摸不清楚，基部宽 10~12 cm。右侧子宫角没有明显增大。子宫体显著增长变粗，左侧子宫角和子宫体整个成为长圆形的粗筒状。

妊娠第 3 个月，左侧子宫角和子宫体继续增大变长，左侧子宫角基部 10~15 cm，子宫体中部宽 10~16 cm。妊娠 3 个月末，左侧妊娠子宫角比右侧子宫角大、软并且较靠前。左侧子宫角位于耻骨前缘处，左侧卵巢在腹腔内。子宫后动脉变粗。

妊娠 4 个月时，左侧子宫角沉入腹腔。妊娠 5 个月时，虽然仍可摸到子宫的背面，但无法摸清整个范围，直肠触摸常感到子宫像一空袋状垂入腹腔。妊娠 6 个月后，可以摸到胎儿。妊娠第 10 个月或第 11 个月时，仍然可触摸到右侧子宫角（空角）卵巢，可以摸到胎儿。

第二节　母骆驼 B 超妊娠诊断操作程序

随着新疆特色骆驼奶产业的不断发展，对骆驼的各方面研究也在逐步推进。2023 年新疆骆驼存栏量约有 28.4 万峰，规模养殖户或专业养殖合作社日益增多，而奶驼占 1/4，且骆驼孕期达一年多，母骆驼产幼崽才能产奶，哺乳期维持一年多，空怀就会造成浪费性饲养。如果诊断未孕，可以分群进行骆驼的二次受孕，一定程度保证了幼驼的出生率。因此，进行妊娠诊断就显得很有必要。

骆驼和羊驼属于驼科动物，骆驼的妊娠期较长，双峰驼妊娠期是370~419 d，平均是402 d；单峰驼妊娠期是370~395 d，平均是384 d。B超检查可应用于骆驼繁殖障碍、卵泡发育动态和早期妊娠的诊断，并且对于骆驼的育种具有实际应用价值。

自20世纪80年代初兽医引进超声波检查母马生殖状况以来，其作为首选方法用于检查许多物种（包括骆驼）的生殖道已被广泛接受。它可用于监测卵巢中的卵泡发育动态、妊娠早期检测以及生殖道疾病的检测和诊断。可以经直肠、经阴道，或通过腹壁对生殖道进行超声波检查。在临床实践中，在骆驼中最广泛使用的是经直肠超声检查，阴道超声检查仅用于抽吸卵泡进行活体采卵。在有效管理任何骆驼群时，确实需要在交配后尽可能准确且快速地诊断妊娠。虽然判断妊娠有不同方法，如直肠触诊、宫颈黏液变化和“尾巴竖起”，但是B超检查对于早期妊娠的诊断是最准确的。

一、兽用B超仪的选择条件

如果经直肠路径检查，需要直肠线阵或凸阵探头，一般探头频率在3~7.5 MHz即可。如果需要在腹部检查，需要购买配备有扇扫（凸阵）探头的超声仪，一般探头频率不超过3.5 MHz即可。

二、配套设备和耗材

配套设备：保定绳子、放置超声仪的专用箱子、U盘、计算机、插线板。

耗材：一次性塑料长臂手套、一次性乳胶短手套、耦合剂、避孕套、液体石蜡、长胶靴、连体工作服、工作帽、小块方毛巾、塑料皮筋。

三、骆驼B超早期妊娠诊断的操作方法

1. 保定

通常，骆驼可以在柱栏内站立保定（图5-4）或用绳子绑住腿部俯卧保定（图5-5）。

2. 检查时间

一般配种后18 d可以初步诊断，20~30 d根据B超图像容易识别。由于母骆驼主要在冬季发情配种，在舍内可在配种后30 d进行B超检查，在秋季入冬前，母骆驼配种后7~9个月集中进行B超复查。

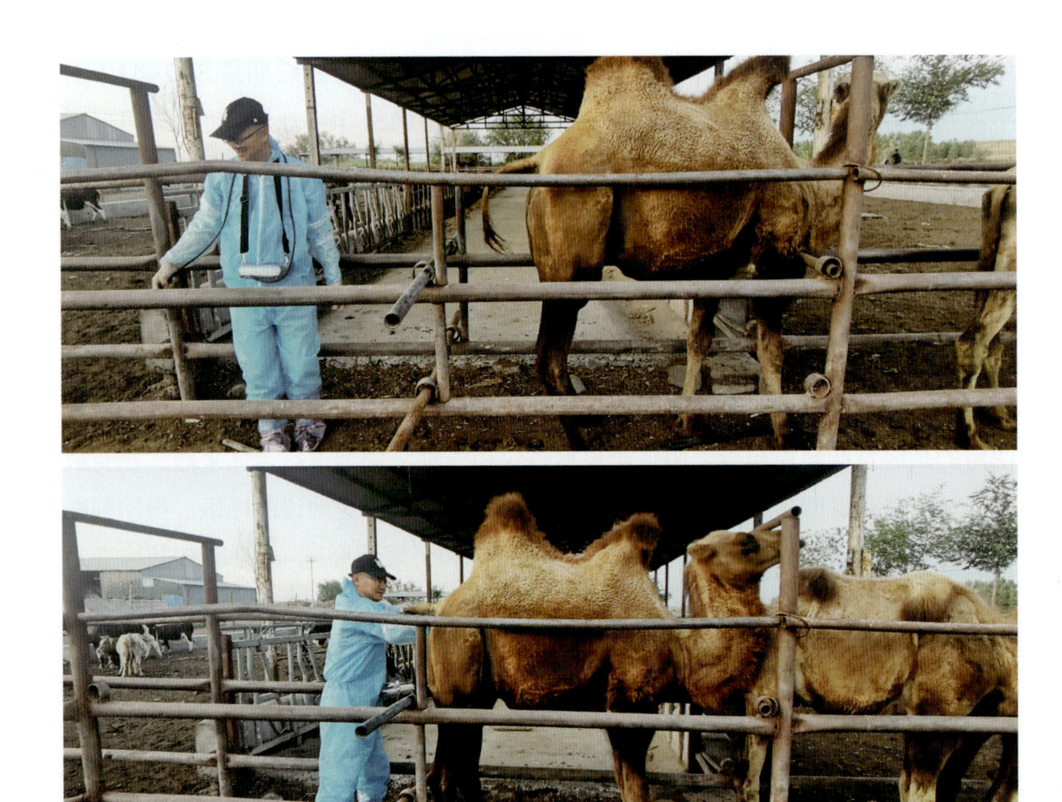

图 5-4　骆驼在柱栏内站立保定

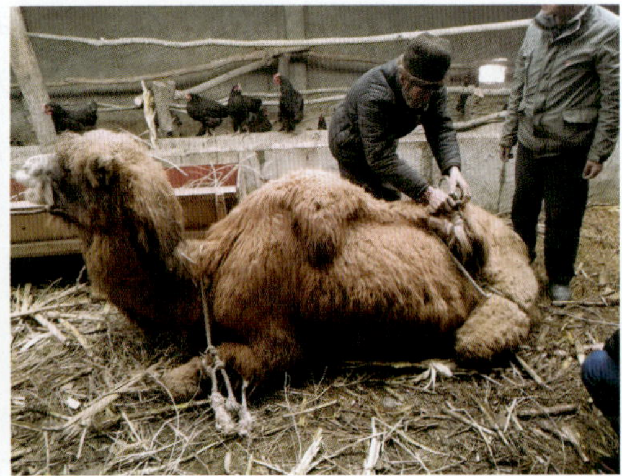

图 5-5　骆驼俯卧保定

（阿卜杜克依木·艾力木供图）

3. 扫查部位

直肠路径超声检查主要在配种后 30 d 开始检查，直至配种后 60 d，此阶段可通过直肠检查确诊是否妊娠。此后可以使用扇扫探头对腹部扫查诊断是否妊娠，最好在配种后 60~90 d 进行检查。

4. 操作步骤

在直肠路径检查时，可以选择 3.5 MHz 线阵或凸阵的直肠探头。在特制的适合骆驼的保定架或通道内保定检查，也可俯卧保定检查（图 5–6）。在检查前，戴上长臂塑料手套，手套上和肛门涂抹液体石蜡或润滑剂（或者耦合剂），掏出直肠内粪便，抓住探头伸入直肠内，探头紧密接触直肠壁旋转到卵巢和子宫上方进行扫查。轻微转动探头，扫查子宫和卵巢，观察图像，当有妊娠的典型图像和卵巢的黄体图像时，及时冻结或直接快速保存。如果需要导出图像，可经 USB 接口用 U 盘导出图像，储存于计算机。一般 18 d 后可以初步诊断，20~30 d 根据图像容易识别。

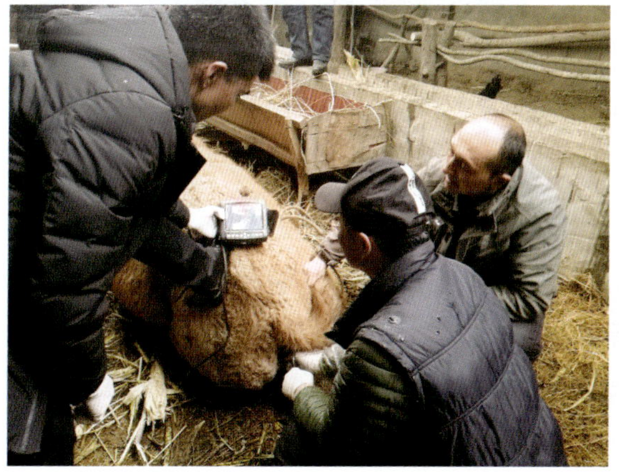

图 5–6　母骆驼直肠超声检查
（阿卜杜克依木·艾力木供图）

骆驼无须子宫收缩，且操作者应始终手持探头，探头腹侧与需要扫查目标方向一致。彻底检查，要求探头与直肠黏膜紧密接触，以便图像显示更清晰，为了实现这一点，在插入直肠前必须对探头进行良好的润滑。

在对腹部B超检查时，先对后腿内侧对应接触的腹壁部分用酒精擦去油脂，需要对腹部推毛，然后用温水沾湿的布擦干净，涂抹耦合剂进行扫查，探头最好用较宽的不超过3.5 MHz凸阵探头，45 d可以确诊妊娠。考虑早期胚胎死亡的可能，建议针对技术服务时在60~90 d进行B超检查。

如果对羊驼检查，由于其体格相对小，可以站立保定（图5–7A）或侧卧保定（图5–7B）进行腹部检查。此时使用线阵探头也可以，但最好的是凸阵探头，因其扫查面宽，显示图像范围大容易观察。

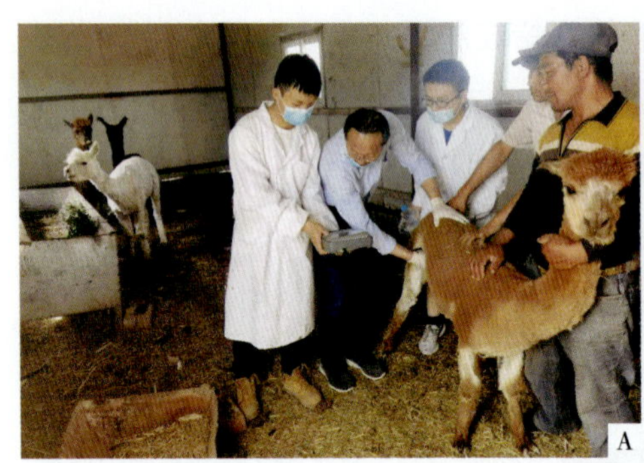

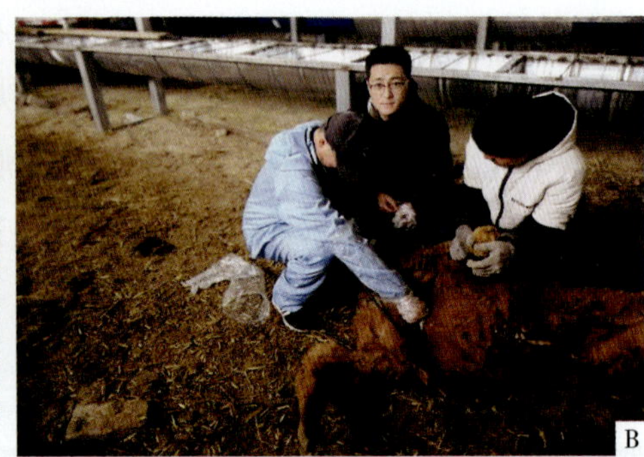

图5–7 母羊驼腹部B超检查

A. 站立保定；B. 侧卧保定

5. 骆驼妊娠B超诊断标准

如果在其中一个卵巢中能看到功能性黄体，则早在妊娠15 d时就能估计是否妊娠，然后在17~18 d可以通过观察胚胎囊泡来确认。骆驼妊娠18 d时，在左侧子宫角显示“黑洞”型液体暗区，在横切面上大致是球形，其中有胚胎切面的相对较强回声图像。孕体看起来像一个小的星形液体积聚，几乎总是在子宫腔的左侧子宫角内。根据超声波束与子宫的接触角度，其横截面呈现离散且粗糙的球形，当超声波束纵切子宫角时，呈不规则和细长形。

妊娠20~21 d，孕体已增长，并且显示为分散且易识别的孕体和液体积聚，其直径和轮廓在子宫角的不同部分变化显著。这些变化主要是由于在进行检查时不同部位子宫内膜皱褶压缩孕体以及孕体内的液体运动引起。此阶段可首先辨认出胎儿，即位于孕体中心区域的小回声“斑点”，它明显紧密附着在子宫腹侧的子宫内膜内。骆驼妊娠20~23 d时，在左侧子宫角扩张，其切面显示液性暗区，其中有团块状胚胎的切面图像。在 25 d 左右，可以通过胎儿回声中心的快速颤动来辨认胎儿心跳，如能够扫查到心跳则说明胎儿有活力。

妊娠 20~30 d，左侧子宫角的无回声孕囊液体积聚的直径会增加至 20~40 mm，并且随着胎儿稳定地增大，当看似从子宫壁上脱离时，胎体回声会变得更加显著。

妊娠 30 d，有时可以看到一条短脐带，并且可轻松辨认心跳。骆驼妊娠 30~40 d 时，左侧子宫角继续扩张，其切面显示液性暗区，羊水围绕胚胎，尿囊液量大，更容易发现胚胎的切面图像，短的脐带有时可见，心跳很容易辨认。由于胎儿液体的积聚，孕体的总直径会更快增加，而在胎儿周围的羊水和尿囊液之间可以看出明显的分界。在妊娠 40 d 后，孕体的直径会继续快速增加。

妊娠 55 d 时，可以很容易识别胎儿的头部、颈部、腹部及胎儿的前后腿。妊娠 60 d，由于胎水增多胎儿下沉，5 MHz 探头已经不能扫查到胎儿。

四、骆驼早期和中后期妊娠典型声像图谱

1. 母骆驼妊娠早期妊娠图像

在妊娠 20 d、40 d 和 51 d 的声像图如图 5–8 所示。妊娠 20 d 时，左侧子宫角横切面显示子宫扩张，有液性暗区，如果扫查多个切面可发现有胚胎。妊娠 40 d 时，左侧子宫角横切面（类圆形）显示子宫扩张，有液性暗区，其中有胎儿的切面图像，并且显示脐带与子宫黏膜连接。妊娠 51 d 时，左侧子宫角横切面（椭圆形）显示子宫扩张更大，有液性暗区，其中有胎儿更大的切面图像，并且显示脐带与子宫黏膜连接，胎儿在暗区液体中已经下沉。

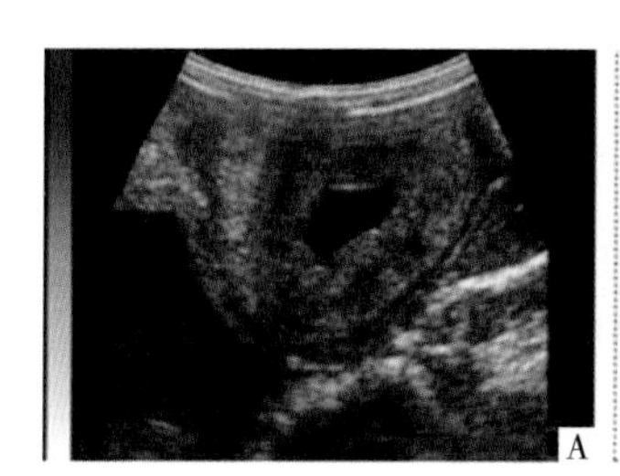

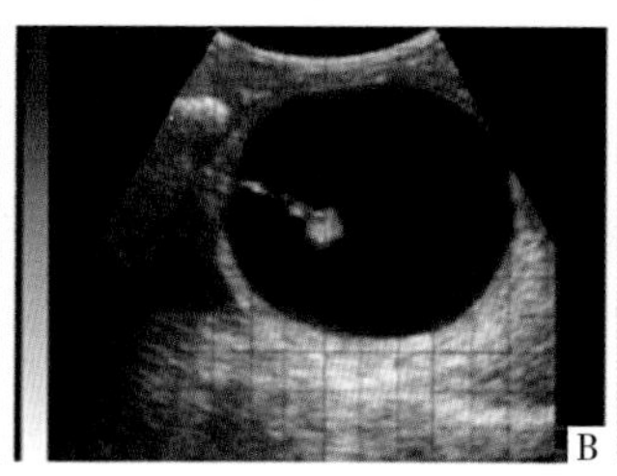

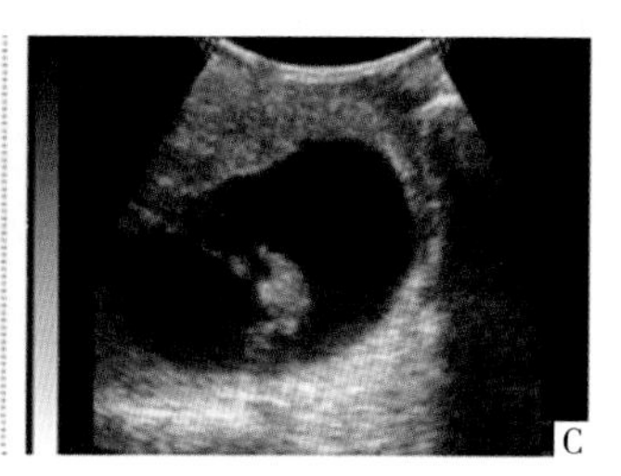

图 5–8　母骆驼妊娠早期不同天数的 B 超声像图（凸阵探头）

（引自 Julian A Skidmore）

A. 妊娠 20 d；B. 妊娠 40 d；C. 妊娠 51 d

2. 母骆驼妊娠中后期妊娠图像

妊娠9个月、妊娠11个月和妊娠13个月的声像图如图5–9所示。显示胎儿的不同位置切面图像，子宫内有液性暗区为胎水图像。

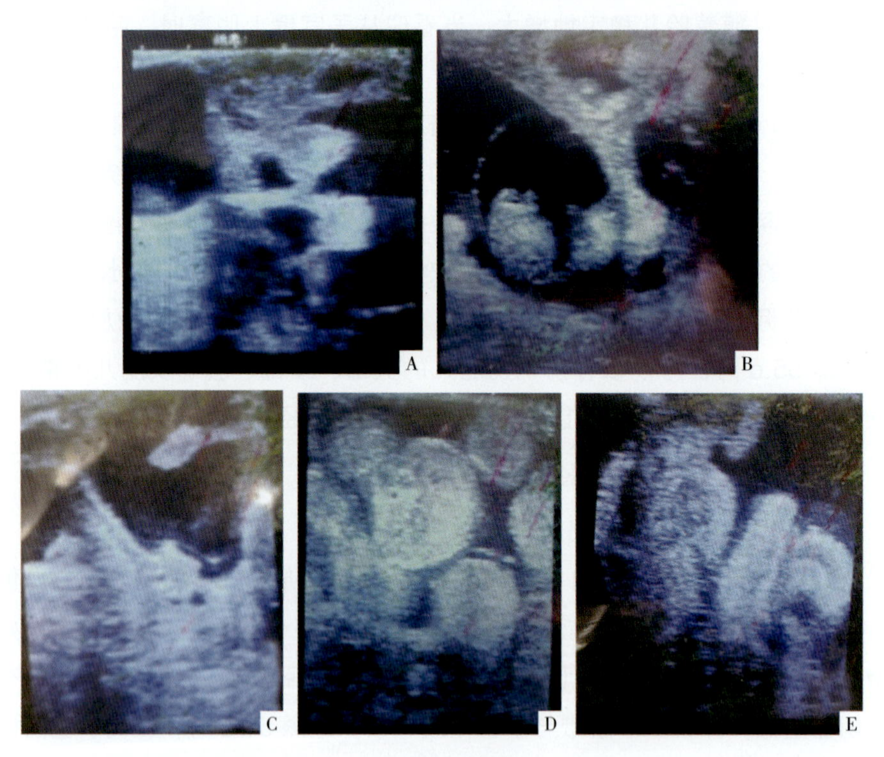

图5–9 母骆驼妊娠中后期声像图

（阿卜杜克依木·艾力木供图）

A、B. 妊娠9个月；C. 妊娠11个月；D、E. 妊娠13个月

3. 母羊驼妊娠的图像

在母羊驼腹部B超检查得到的声像图如图5–10所示，其声像图显示通常在接近子宫底的宫腔内有一圆形或椭圆形囊胚，呈透声暗区，四周回声增强呈环状。妊娠时随着孕龄的增大，子宫腔也逐渐增大。用5 MHz探头在腹壁做连续滑动进行线性扫描，可以显示胎心，呈快速闪烁样搏动。同时，在胎儿发育的声像图中脊柱清晰可见，回声很强，形如两条平行的串株，至尾椎逐渐靠拢，脊柱横断面为一光环，中心呈透声暗区。胎头和四肢回声也很强，头颅呈圆形。

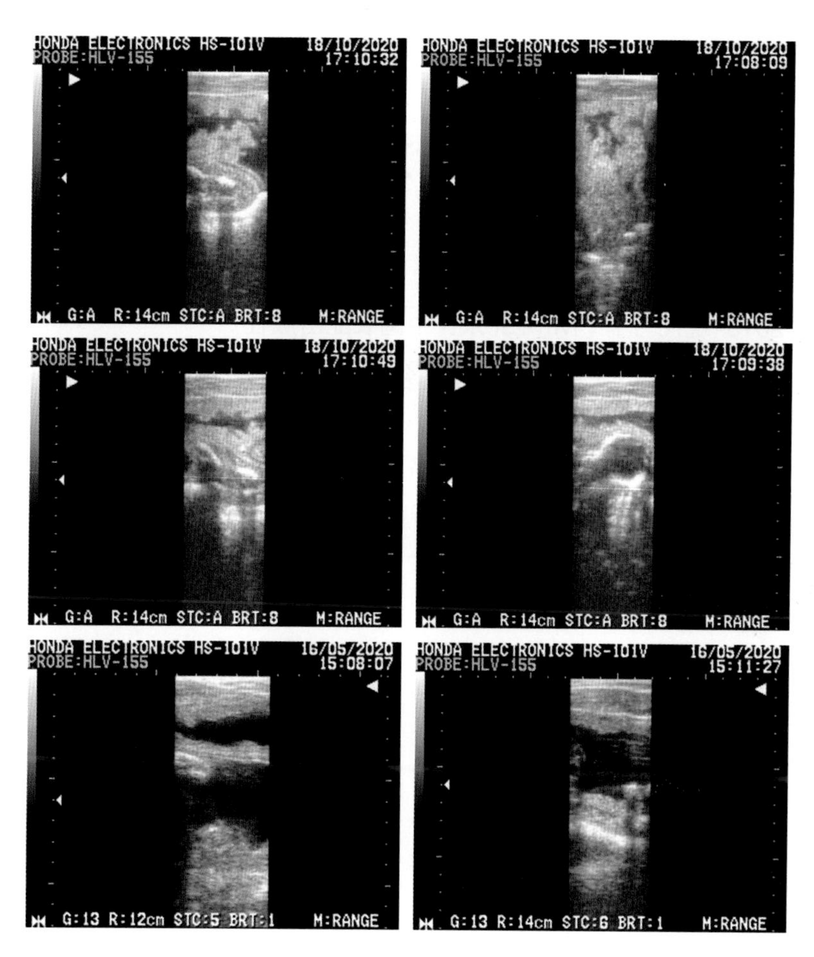

图 5–10 母羊驼妊娠声像图（腹部检查）

参考文献

侯文迪，2013. 现代马学［M］. 北京：中国农业出版社 .

刘贤侠，谷新利，王少华，2019. 奶牛繁殖管理与疾病防治［M］. 奎屯：伊犁人民出版社 .

赵兴绪，2016. 兽医产科学实习指导［M］.5 版 . 北京：中国农业出版社 .

WOLFGANG KÄHN，1994.Veterinary Reproductive Ultrasonography［M］. Zürich: Die Deutsche ibliothek.

本著作得到以下项目的资助：国家重点研发计划项目“畜禽群发普通病防控技术研究”（2017YFD0502200）；新疆生产建设兵团重大科技项目“乳肉牛融合发展绿色养殖技术集成与示范”（2021AA004）；新疆生产建设兵团第九师项目“塔额垦区夏洛莱肉牛繁殖性能与产肉性能提质增效关键技术的研究”（2022JS010）。著作中的内容也是上述项目的成果之一。